볼츠만이 들려주는 **열역학** 이야기

볼츠만이 들려주는 열역학 이야기

ⓒ 정완상, 2010

초 판 1쇄 발행일 | 2005년 8월 29일
개정판 1쇄 발행일 | 2010년 9월 1일
개정판 14쇄 발행일 | 2021년 5월 31일

지은이 | 정완상
펴낸이 | 정은영
펴낸곳 | (주)자음과모음

출판등록 | 2001년 11월 28일 제2001-000259호
주   소 | 04047 서울시 마포구 양화로6길 49
전   화 | 편집부 (02)324-2347, 경영지원부 (02)325-6047
팩   스 | 편집부 (02)324-2348, 경영지원부 (02)2648-1311
e-mail | jamoteen@jamobook.com

ISBN 978-89-544-2044-0 (44400)

볼츠만이 들려주는

열역학 이야기

| 정완상 지음 |

㈜자음과모음

볼츠만을 꿈꾸는 청소년을 위한 '열역학' 이야기

볼츠만은 '열역학'이라는 물리학을 창시한 물리학자입니다. 열역학이라는 말이 다소 생소하게 들릴 수도 있지만, 열역학은 쉽게 얘기하면 열에 관한 물리학입니다. 열의 물리적 성질에 대해 청소년들의 눈높이로 쓰인 이 책을 통해 청소년들은 볼츠만의 위대한 열 이론을 접할 수 있을 것이라고 생각합니다.

저는 한국과학기술원(KAIST)에서 이론 물리학으로 박사학위를 받고 대학에서 강의한 경험을 토대로 하여 청소년들을 위해 우선 쉽고 재미난 강의 형식을 도입했습니다. 저는 위대한 물리학자들이 교실에 아이들을 앉혀 놓은 뒤 일상 속 실험을 통해 그 원리를 하나하나 설명해 가는 식으로 그들의 위대한 물리 이론을 쉽게 이해할 수 있도록 서술했습니다. 이 책은 9일간의 수업으로 진행됩니다.

책의 마지막 부분에는 동화 '맥가이버, 사우디 왕을 구출하다'를 실어 열에 관한 물리를 총정리해 볼 수 있게 하였습니다. 맨손의 마술사 맥가이버가 주변의 사물을 이용하고, 열에 관한 물리를 이용하여 테러 집단으로부터 사우디 왕을 구출하는 상황을 통해 볼츠만의 열 물리를 재미있게 다루고 있습니다.

이 책의 원고를 교정해 주고, 부록 동화에 대해 함께 토론하며 좋은 책이 될 수 있게 도와준 강은설 양과 김지혜 양에게 고맙다는 말을 전하고 싶습니다. 마지막으로 이 책이 나올 수 있도록 물심양면으로 도와준 (주)자음과모음 사장님과 직원 여러분에게 감사를 드립니다.

정 완 상

차례

열이란 무엇일까요?

온도가 높으면 덥고 온도가 낮으면 춥습니다.
온도와 열은 어떤 관계가 있을까요?

P_1 ΔV

ΔU

$T_1 \longrightarrow T_2$

$Q = \Delta U + W$

1

첫 번째 수업

열이란 무엇일까요?

볼츠만이 벽에 온도계를 걸면서
첫 번째 수업을 시작했다.

온도와 열에 대하여

먼저 온도와 열에 대한 이야기를 해 볼까 합니다.

우리는 몸살이 났을 때 체온계를 이용하여 체온을 잽니다. 그때 몸의 온도가 평상시보다 높으면 우리는 병원을 찾게 되지요. 또한 내일 얼마나 추울지, 얼마나 더울지를 알기 위해서는 일기 예보를 봅니다. 기상 캐스터가 환한 미소로 매일의 기온을 알려 주지요. 이렇게 물질의 뜨겁고 차가운 정도를 나타낼 때 우리는 온도를 사용합니다.

이제 우리가 있는 이 방의 온도를 재어 봅시다.

볼츠만은 벽에 걸려 있는 온도계를 학생들에게 보여 주었다. 온도계의 눈금은 20을 가리켰다.

    이 방의 온도는 20℃군요. 온도계의 눈금은 보통 물이 어는 온도를 0℃로, 물이 끓는 온도를 100℃로 하고 그 사이를 100 등분하여 한 눈금을 1℃로 정합니다.

    우리가 집에서 사용하는 온도계는 주로 수은 온도계입니다. 수은은 온도가 높아지면 팽창하고 온도가 낮아지면 수축하는 성질이 있지요. 즉, 온도가 오르면 수은이 팽창하여 올라가게 되어 높은 온도를 가리키게 되는 것입니다.

그렇다면 온도는 왜 달라지는 걸까요? 그것은 물질을 구성하는 분자들의 움직임이 달라지기 때문입니다. 분자란 물질을 이루는 것으로, 눈에 보이지 않는 아주 작은 알갱이를 말한답니다.

분자는 온도가 낮을 때는 느리게 움직이고 온도가 높을 때는 활발하게 움직입니다. 이러한 분자들의 움직임이 얼마나 활동적인가를 나타내는 것이 바로 온도이지요.

열이란 무엇인가요?

항상 뜨거운 물체에서 차가운 물체로만 이동하는 열을, 옛날 과학자들은 열소라는 아주 작은 알갱이가 뜨거운 물체에서 나와 차가운 물체로 이동하는 것이라고 생각했습니다. 하지만 이미 그것은 사실이 아닌 것으로 밝혀졌답니다.

그렇다면 열이란 과연 무엇일까요? 이제 열의 정체를 밝혀 봅시다.

볼츠만은 전자레인지에서 40초 동안 데운 빵 한 조각을 꺼내 미나에게 만져 보라고 했다. 미나는 빵이 뜨거워서 제대로 만질 수 없었다.

이처럼 뜨거운 빵을 만지면 손이 뜨거워집니다. 이때 뜨거운 빵에서 손으로 이동하는 에너지와 같이 온도가 높은 물질에서 온도가 낮은 물질로 이동하는 에너지를 열이라고 부릅니다. 즉, 뜨거운 빵이 열이라는 에너지를 손에게 준 것이지요. 그래서 열을 열에너지라고 부르기도 한답니다.

그리고 이때 이동한 열의 양을 열량이라고 하며, 단위로는 칼로리(cal)를 사용합니다. 따라서 1cal의 열은 물 1g을 1℃ 높이는 데 필요한 열량을 말한답니다.

그렇다면 물 2g을 1℃ 높이는 데는 2cal의 열이 필요하다는 것을 알 수 있지요. 즉, 질량이 2배로 되면 같은 온도를 높이는 데 2배의 열량이 필요합니다. 그러므로 다음 사실을 알 수 있습니다.

열량은 물질의 질량에 비례한다.

물 1g을 2℃ 높이는 데 필요한 열량은 얼마일까요?
__ 2cal입니다.

맞아요. 온도의 변화가 2배로 되면 2배의 열량이 필요합니다. 그러므로 다음 사실 또한 알 수 있습니다.

열량은 온도 변화량에 비례한다.

비열 이야기

모든 물질 1g을 1℃ 높이는 데 1cal의 열량이 필요한 것은 아닙니다. 예를 들어, 철 1g을 1℃ 높이는 데 필요한 열량은 $\frac{1}{8}$cal입니다. 그러므로 다음과 같이 쓸 수 있습니다.

1cal = 1 × 물 1g × 1℃ 변화

$\frac{1}{8}$cal = $\frac{1}{8}$ × 철 1g × 1℃ 변화

이때 $\frac{1}{8}$을 철의 비열이라고 합니다. 물론 물의 비열은 1이지요. 따라서 다음과 같은 공식을 얻을 수 있습니다.

열량 = 비열 × 질량 × 온도 변화

철 1g에 1cal의 열량이 공급되면 온도가 몇 ℃ 높아질까요? 이것은 다음 식을 풀면 알 수 있습니다.

1cal = $\frac{1}{8}$ × 1g × 온도 변화

이 식을 풀면 온도 변화는 8℃가 됩니다. 즉 1cal의 열로 물

1g은 1℃ 높일 수 있지만, 철 1g은 8℃를 높일 수 있습니다.

이렇게 같은 질량의 두 물체에 같은 열량을 공급해도 비열이 작을수록 온도 변화가 크다는 것을 알 수 있답니다.

이것은 비열이 작은 물질에는 열을 잘 흡수하는 성질이 있기 때문입니다. 이를테면 물보다는 철이 열을 잘 흡수하여 분자들의 운동이 더 활발해지기 때문에 온도가 더 많이 올라가는 것이죠.

다른 물질에 비해 비열이 큰 편에 속하는 물은 온도가 잘 변하지 않는답니다. 사람의 경우도 몸의 온도가 잘 변하지 않는 것은 몸의 70%가 물로 이루어져 있기 때문이지요.

과학자의 비밀노트

비열

어떤 물질 1kg의 온도를 1℃ 높이는 데 필요한 열량을 그 물질의 비열이라고 한다. 열량을 구하는 공식이 (열량)=(비열)×(질량)×(온도 변화)이므로 이 식을 응용하여 비열을 구할 수 있다.

즉, $(비열) = \dfrac{(열량)}{(질량) \times (온도\ 변화)}$ 이다. 따라서 비열의 단위는

cal/g·℃, kcal/kg·℃ 등으로 나타낸다.

해류풍의 원리

바닷가에 가 보면 낮과 밤에 부는 바람의 방향이 서로 다름을 알 수 있습니다. 낮에는 바다에서 육지로 해풍이 불고 밤에는 육지에서 바다로 육풍이 불지요. 왜 이렇게 다른 걸까요?

햇빛을 받는 낮 동안 물은 비열이 커서 온도가 적게 높아지고, 모래는 비열이 작아 온도가 크게 높아집니다. 따라서 온도가 높은 모래 쪽의 공기는 뜨거워져서 위로 올라가고 그 빈 곳에 바다 쪽의 공기들이 밀려 들어오게 되는데, 이것이 바로 해풍입니다.

이 같은 현상이 거꾸로 바뀌는 밤에는 비열이 큰 물은 온

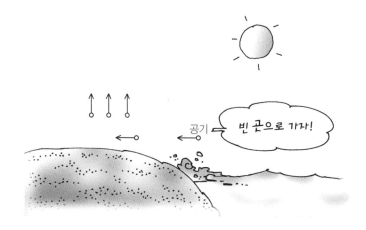

도가 조금 내려가고, 비열이 작은 모래는 온도가 많이 내려
갑니다. 이때는 바다 쪽의 공기가 더 뜨거워 위로 올라가고
그 빈 곳을 모래 쪽의 공기들이 채우므로 육풍이 불게 되는
것이지요.

멍멍아! 밥 먹어.

이런, 뜨겁다는 걸 깜빡했네. 밥의 뜨거운 열에너지가 네 혀로 이동해서 아플 거야. 근데 넌 열이란 게 뭔지 아니?

깨 갱
깨 갱

옛날 과학자들은 열을 열소라는 아주 작은 알갱이가 뜨거운 물체에서 나와 차가운 물체로 이동하는 거라고 생각했어. 하지만 이미 그것은 사실이 아닌 것으로 밝혀졌어. 그렇다면 열이란 과연 무엇일까?

안! 뜨거워 뜨거워!

온도가 높은 물질에서 온도가 낮은 물질로 이동하는 에너지를 열이라고 부르는 거야. 즉 뜨거운 밥이 열이라는 에너지를 네 혀에 준 것이지. 열의 양은 열량이라고 하는데, 단위로는 칼로리(cal)를 사용하고 물 1g을 1℃ 높이는 데 필요한 열량을 1cal의 열이라고 한단 말이지.

그럼 물 2g을 1℃ 높이는 데는 2cal의 열이 필요하다는 것을 알 수 있지?

질량이 2배로 되면 같은 온도를 높이는 데 2배의 열량이 필요하게 되니까.

즉 열량은 물질의 질량에 비례한다는 것을 알 수가 있고, 마찬가지로 같은 질량에서 온도 변화가 2배로 되면 2배의 열량이 필요하니까 열량은 온도 변화량에 비례한다는 사실도 알 수 있다 이 말씀이지.

이런, 너에겐 너무 어려웠나 보구나.

2

뜨거운 물체와 차가운 물체가 만나면

뜨거운 물과 차가운 물을 섞으면 미지근해집니다.
어떤 원리 때문일까요?

2

뜨거운 물체와
차가운 물체가 만나면

볼츠만이 몇 장의 지폐를 준비해 와서
두 번째 수업을 시작했다.

뜨거운 물과 차가운 물을 섞으면 미지근한 물이 됩니다. 오
늘은 그 원리에 대해 알아보겠습니다.

볼츠만은 태호와 미나를 불러 태호에게 3,000원을 주고, 미나에게
5,000원을 주었다. 그리고 두 사람에게 같은 액수의 돈이 되게 해
보라고 했다.

미나가 태호에게 1,000원을 주었군요. 이제 두 사람이 가
진 돈의 변화를 살펴봅시다.

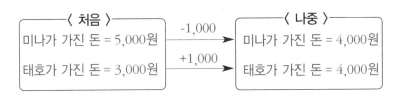

　처음에 돈이 더 많았던 미나를 온도가 높은 물체라고 가정해 봅시다. 그러면 태호는 온도가 낮은 물체가 됩니다. 그리고 두 사람이 가지고 있는 돈을 열이라고 한다면, 미나가 태호에게 준 돈 1,000원만큼 열을 전달한 것입니다. 따라서 태호는 열을 받아서 온도가 올라갔고, 미나는 열을 잃어서 온도가 내려갔음을 알 수 있습니다.

　이와 같은 원리는 온도가 서로 다른 두 물체가 만났을 때 열의 이동에 따른 온도의 변화 과정을 보여 줍니다. 이제 그 과정을 자세히 알아봅시다.

볼츠만은 온도가 다른 두 물을 각각 채운 컵을 가지고 왔다. 컵 각
각의 물의 양은 50g이었다. 두 물컵에 담긴 물의 온도는 각각 70℃
와 30℃였다.

이제 이 두 컵의 물을 섞어 보겠습니다.

볼츠만은 각각의 컵에 든 물을 한 곳에 부었다. 그러고는 온도를 재
었더니 온도계가 50℃를 가리켰다.

물의 온도는 어떻게 해서 50℃가 되었을까요? 우선 각각의
물을 섞은 후에 물의 온도가 □℃가 된다고 해 봅시다.
뜨거운 물은 열을 방출하고 차가운 물은 그 열을 흡수합니
다. 그리고 이때 뜨거운 물이 방출한 열량과 차가운 물이 흡

수한 열량은 같습니다.

섞은 후 뜨거운 물의 온도는 70℃에서 □℃로 변합니다. 따라서 뜨거운 물의 온도 변화는 (70-□)입니다. 물의 비열은 1이므로 뜨거운 물이 방출한 열량은 다음과 같습니다.

$$1 \times 50 \times (70-□)$$

이번엔 차가운 물을 생각해 봅시다. 차가운 물은 온도가 30℃에서 □℃로 올라가므로 온도 변화는(□-30)이 되지요. 물의 비열은 역시 1이므로 차가운 물이 흡수한 열량은 다음과 같습니다.

$1 \times 50 \times (\square - 30)$

두 열량이 같으므로 양변을 50으로 나누어 $\square$를 구하면 다음과 같습니다.

$1 \times 50 \times (70 - \square) = 1 \times 50 \times (\square - 30)$

$70 - \square = \square - 30$

$\square = 50$

이처럼 서로 다른 온도의 평균이 바로 섞은 후 물의 온도가 되는 것이지요.

50℃의 물에 차를 타야 가장 맛있는데 어떻게 하지? 이 물은 너무 뜨겁고, 다른 물은 너무 차가운데….

뭘 그런 걸 가지고 고민해?

한쪽은 70℃이고, 또 하나는 30℃네. 그렇다면 두 물의 양을 같게 해서 섞으면 되겠네.

응? 정말?

물을 합치면….

와! 진짜 50℃가 됐어. 어떻게 50℃가 될 줄 안 거야?

후후! 간단해.

뜨거운 물은 열을 방출하고 차가운 물은 그 열을 흡수해. 이때 뜨거운 물이 방출한 열량과 차가운 물이 흡수한 열량은 같아. 그런데 섞은 후 뜨거운 물의 온도는 섭씨 70℃에서 □℃로 변한다고 하면 뜨거운 물의 온도 변화는 (70−□)이지? 그리고 물의 비열은 1이므로 50g의 뜨거운 물이 방출한 열량은 1×50×(70−□)cal가 된단 말이지.

$$1 \times 50 \times (70-\square)$$

그럼 차가운 물은 어떻게 될까? 차가운 물은 온도가 30℃에서 □℃로 올라가므로 온도 변화는 (□−30)가 되고 물의 비열은 역시 1이므로 50g의 차가운 물이 흡수한 열량은 1×50×(□−30)cal가 되지.

$$1 \times 50 \times (\square-30)$$

자, 이제 두 열량이 같으니까 □를 구해 보면 1×50×(70−□)=1×50×(□−30)이 되고 양변을 50으로 나누면 70−□=□−30로 결국 □=50이 되지. 이처럼 같은 양의 온도가 다른 물을 섞을 경우. 두 온도의 평균이 바로 섞은 후 물의 온도가 되는 거야.

그렇구나.

3

열팽창 이야기

뜨거워지면 물체가 커질까요, 작아질까요?
온도와 물체의 크기 사이의 관계를 알아봅시다.

3

세 번째 수업

열팽창 이야기

볼츠만이
철사를 가열하는 실험을 한 후,
세 번째 수업을 시작했다.

철사를 뜨겁게 가열하면 길이가 늘어납니다. 이는 철사에
열이 공급되었기 때문이지요. 이렇게 열에 의해 물체의 길이
가 늘어나는 것을 열팽창이라고 합니다.

왜 열팽창이 일어날까요? 온도가 높아지면 분자들의 운동
이 활발해지기 때문이지요. 이를테면 온도가 높을수록 분자
들 사이의 거리가 멀어지기 때문에 분자로 이루어진 물질들
은 길어지게 되지요.

이제 열팽창의 공식에 대해 알아봅시다. 물질에 열을 공급
하면 온도 변화가 생깁니다. 이때 늘어난 길이는 처음 길이

에 비례하고 온도 변화에 비례합니다.

하지만 같은 열을 공급해도 잘 늘어나는 물질이 있고 그렇
지 않은 물질도 있습니다. 이때 비례 상수를 열팽창 계수라
고 하는데, 이 계수가 클수록 열팽창이 잘되는 물질입니다.
그러므로 열팽창의 공식은 다음과 같지요.

늘어난 길이 = 열팽창 계수 × 처음 길이 × 온도 변화

열팽창은 일상생활에서도 자주 이용된답니다.

볼츠만은 유리병을 꽉 조이고 있는 금속 뚜껑을 한 학생에게 열어
보게 했다. 학생가 도전해 보았지만 열 수 없었다.

이것은 열팽창을 이용하면 쉽게 열 수 있어요.

볼츠만은 유리병을 뜨거운 물에 넣었다가 꺼내 다시 열어 보게 했다.

뜨거운 물

뚜껑이 쉽게 열리지요? 이것은 금속 뚜껑이 열을 받아 팽
창했기 때문입니다. 물론 유리병도 팽창하지만 유리는 금속

에 비해 열팽창 계수가 작으므로, 금속 뚜껑이 더 많이 팽창
하여 틈이 생기게 되죠. 그래서 뚜껑이 쉽게 열리게 되는 거
랍니다.

바이메탈

어떤 난방기를 보면 온도가 너무 높아지면 자동으로 전원
이 끊어집니다. 이것을 자동 온도 조절 장치라고 부릅니다.
이 장치의 원리를 알아볼까요?

볼츠만은 길이가 같은 2개의 금속이 붙어 있는 장치를 가지고 왔다.

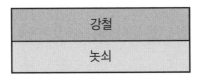

위쪽의 금속은 강철이고, 아래쪽의 금속은 놋쇠입니다. 이
렇게 두 개의 서로 다른 금속을 붙인 것을 바이메탈이라고 부
릅니다.

볼츠만은 바이메탈을 높은 온도로 가열했다. 바이메탈이 휘어지기 시작했다.

바이메탈이 왜 휘어졌을까요? 이것은 두 금속의 열팽창 계수가 다르기 때문입니다. 강철보다는 놋쇠의 열팽창 계수가 크기 때문에 같은 온도 변화를 주어도 놋쇠가 더 많이 늘어납니다. 그래서 바이메탈이 휘어진 거죠.

바로 이 바이메탈이 난방기의 자동 온도 조절 장치 속에 들어 있습니다. 온도가 낮을 때는 바이메탈이 원래 길이가 되어 스위치가 닫힙니다. 그래서 난방기가 작동되다가 일정 온도 이상이 되면 바이메탈이 휘어져 스위치가 열리고 난방기의 작동이 멈추게 되지요. 이런 방식으로 우리는 방이 너무 더워지는 것을 막으면서 동시에 전기를 아낄 수 있답니다.

물의 팽창

　고체와 액체 중에서는 액체가 더 잘 팽창합니다. 아주 더운 날 자동차 기름 탱크의 휘발유가 넘쳐 흘러나오는 것은 바로 액체 휘발유가 고체인 기름 탱크보다 열팽창이 크기 때문입니다.

　대부분의 액체는 온도가 올라갈수록 팽창하여 부피가 커집니다. 하지만 물은 이상한 방식으로 열팽창을 합니다. 물은 4℃이상 온도가 오르면 팽창합니다. 온도가 4℃ 이하로 내려가도 팽창을 하지요. 즉, 물은 4℃일 때 부피가 제일 작고, 온도가 4℃보다 커지거나 4℃보다 작아지면 부피가 커지게 되지요.

　부피가 작다는 것은 밀도가 크다는 것을 말합니다. 여기서 밀도라는 말이 나왔군요. 밀도는 물질의 질량을 부피로 나눈

값입니다. 그러므로 부피가 작으면 밀도가 커지지요. 따라서 온도가 4℃일 때 물의 밀도가 가장 큽니다.

볼츠만은 나무토막을 물에 띄웠다.

나무토막이 물에 뜨지요? 이것은 나무토막의 밀도가 물의 밀도보다 작기 때문이지요. 이렇게 밀도가 작은 물질과 밀도가 큰 물질이 함께 있으면 밀도가 작은 물질이 뜨게 된답니다.

볼츠만은 돌멩이를 물에 넣었다. 돌멩이는 물속으로 가라앉았다.

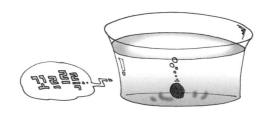

이렇게 돌멩이는 물에 가라앉지요. 이것은 돌멩이의 밀도가 물보다 크기 때문입니다. 이렇게 밀도가 큰 물질은 밀도가 작은 물질에서 가라앉습니다.

우리는 4℃일 때 물의 밀도가 가장 크다고 했습니다. 즉, 가장 무거운 물이 되지요. 그러므로 온도가 4℃인 물과 다른 온도의 물을 섞으면 온도가 4℃인 물이 무거워 밑으로 가라앉게 됩니다.

호수의 물이 얼지 않는 이유

앞에서 살펴본 물의 성질 때문에 한겨울에도 깊은 호수의 물은 얼지 않습니다. 그 이유를 더 자세히 알아봅시다.

겨울이 되어 공기의 온도가 내려가면 공기와 부딪치는 호수의 물 온도도 내려가게 됩니다. 이때 공기와 가장 가까운 호수 표면의 물의 온도가 먼저 내려가지요. 이렇게 표면의 물의 온도가 내려가 4℃가 되면 무거워져서 호수 바닥으로 가라앉습니다. 이런 식으로 계속 물의 온도가 4℃가 되면 밑으로 가라앉으므로, 결국 모든 물은 4℃의 온도가 된답니다.

이후 호수 표면의 온도가 더 내려가면 얼음이 되지요. 얼음은 4℃의 물보다 가볍기 때문에 호수 표면 위에 뜨게 됩니다. 이렇게 호수 표면이 얼게 되면 얼음 아래의 물은 차가운 공기와 만나지 않게 되므로, 원래의 온도인 4℃를 유지할 수 있지요. 그래서 호수 표면의 얼음 아래는 물의 온도가 4℃로 유지될 수 있는 것이지요.

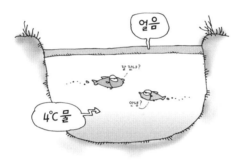

기체의 팽창

이번에는 기체의 팽창에 대해 알아보죠. 기체 또한 뜨거워지면 부피가 커지고, 차가워지면 부피가 작아집니다.

볼츠만은 풍선을 조그맣게 불어 뜨거운 물 위에 올려놓았다. 그러자 풍선이 점점 커지기 시작했다.

풍선이 왜 커졌을까요? 그것은 풍선 속에 들어 있는 공기가 데워지면서 부피가 커졌기 때문입니다.

볼츠만은 크게 부풀어 오른 풍선을 꺼내 얼음 위에 올려놓았다. 풍선이 다시 쪼그라들기 시작했다.

이번에는 풍선 속의 공기가 식으면서 부피가 줄어들었군요. 이렇게 기체의 팽창은 온도와 밀접한 관계가 있답니다.

우아~.
진짜 더운 날씨다.

무슨 일이요? 갑자기 기차를 이렇게 세우면 어떻게 합니까?

선로가 열팽창으로 길어졌소.

정말이네.
그런데 그 열팽창이란 게 뭔가요?

철사를 뜨겁게 가열하면 길이가 길어지죠? 철사에 열이 공급되었기 때문입니다. 이렇게 열에 의해 물체의 길이가 늘어나는 것을 열팽창이라고 합니다.

그럼 이 선로도 열을 받아서 팽창했단 말이군요. 그런데 왜 이런 일이 일어나는 거죠?

물체가 뜨거워지면 분자들의 운동이 활발해지기 때문이랍니다. 이를테면 뜨거울수록 분자들 사이의 거리가 멀어지기 때문에 분자로 이루어진 물질들은 길어지게 되는 것이죠.

추우면 걸어가는 분자

더우면 뛰어다니는 분자

열팽창의 공식에 대해서도 설명을 해 볼까요?
물질에 열을 공급하면 온도 변화가 생깁니다. 물질의 늘어난 길이는 처음 길이와 온도 변화에 비례합니다. 그런데 같은 열을 공급해도 잘 늘어나는 물질이 있고 그렇지 않은 물질이 있습니다. 물질마다 늘어나는 정도가 다른 것은 열팽창 계수로 나타내는데, 이 계수가 클수록 열팽창이 잘되는 물질이 됩니다.

열팽창 공식을 이용해 물질의 늘어난 길이를 구해 보면 다음과 같습니다.

늘어난 길이=
열팽창 계수X처음 길이X온도 변화

그럼 열팽창 계수가 큰 물체이거나 온도 변화가 크면 늘어나는 길이도 커지겠군요.

4

열은 어떻게 전달될까요?

뜨거운 쇠막대를 만지면 손이 뜨거워집니다.
열이 전달되는 방식에 대해 알아봅시다.

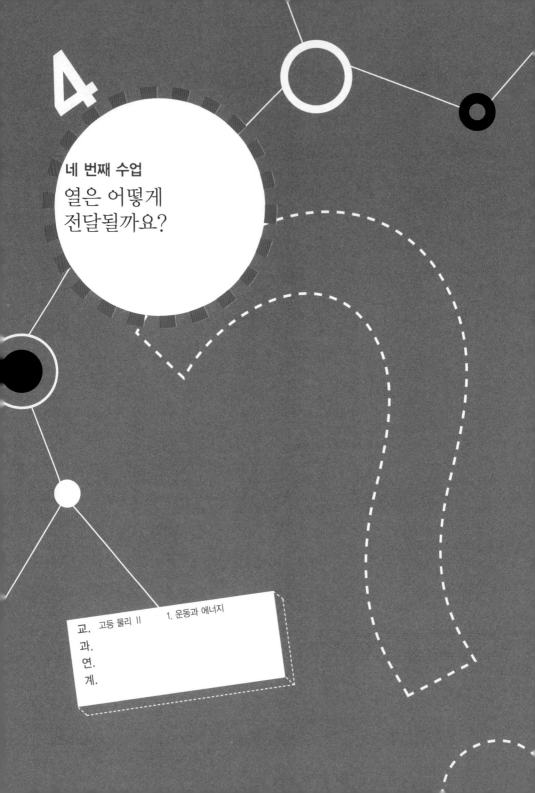

네 번째 수업

열은 어떻게
전달될까요?

볼츠만이
학생들을 운동장에 불러 모아놓고
네 번째 수업을 시작했다.

열은 온도가 높은 곳에서 낮은 곳으로 이동합니다. 예를 들어 뜨거운 물체와 차가운 물체를 접촉시키면 뜨거운 물체에서 차가운 물체로 열이 이동하여 결국은 두 물체의 온도가 같아집니다. 열은 어떤 식으로 전달될까요?

열이 전달되는 방법에는 전도, 대류, 복사의 3가지가 있습니다. 이제 하나씩 알아봅시다. 먼저 전도의 경우를 살펴보죠.

볼츠만은 민지에게 쇠막대의 한쪽 끝을 잡고 있게 하고, 다른 한쪽 끝을 가열했다. 잠시 후 민지는 손이 뜨거워 쇠막대를 놓았다.

불과 접촉하지 않은 민지의 손은 왜 뜨거워졌을까요?

그것은 쇠막대의 반대쪽에 전달된 열이 쇠막대를 통해 민지의 손까지 이동했기 때문입니다. 이렇게 물체를 통해 열이 직접적으로 전달되는 것을 전도라고 합니다. 뜨거운 물체를 만지면 손이 뜨겁고, 차가운 물체를 만지면 차가워지는 것은 열의 전도 때문이지요.

열의 전도를 간단하게 실험해 봅시다.

볼츠만은 학생들을 반 팔 간격으로 일렬로 세웠다. 그리고 맨 끝에 있는 학생부터 공을 옆으로 전달하라고 했다.

　이제 학생들은 물질을 구성하는 분자가 됩니다. 그리고 공을 열이라고 해 보죠. 그럼 열이 분자들을 통해 옆으로 전달되지요? 이런 것이 열의 전도입니다.

　그러므로 열의 전도가 일어나려면 분자들 사이의 거리가 가까워야 합니다. 즉, 열의 전도는 주로 고체 상태의 물질에서 이루어지지요.

대류 이야기

　열의 전도는 주로 고체 상태의 물질에서 이루어진다고 했습니다. 그럼 액체나 기체에서는 열이 어떻게 전달될까요? 이때의 열의 전달 방식을 대류라고 합니다.

예를 들어, 그릇에 물을 끓일 때는 대류를 이용합니다. 그릇에 물을 붓고 그릇 바닥을 가열하면 바닥 쪽의 물이 뜨거워지면서 부피가 커집니다. 따라서 밀도가 작아져 위로 올라가지요. 뜨거운 물은 위로 올라가고, 위에 있던 차가운 물과 충돌하면서 열을 잃고 다시 무거워져 아래로 내려옵니다. 그러나 뜨거운 물로부터 열을 받은 위쪽의 차가운 물은 온도가 올라가므로 가벼워져서 위로 올라가지요.

물론 이 물도 더 위쪽의 차가운 물과 충돌하면 열을 잃고 다시 무거워져 가라앉습니다. 가라앉은 물들은 다시 바닥에서 열을 받아 올라가는 이러한 과정을 반복하게 되죠. 즉, 물 전체가 따뜻해지는 것은 이와 같이 열이 전달되는 대류 덕분입니다.

대류에 대해 간단한 실험을 해 봅시다.

볼츠만은 학생들 몇 명을 불러 3m 간격으로 일렬로 서 있게 했다. 첫 번째 학생이 공을 들고 두 번째 학생에게 건네주고는 제자리로 다시 돌아오게 했다. 일렬로 서 있는 모든 학생들에게 이 동작을 하게 했다. 잠시 후 마지막 학생이 공을 받았다.

공을 열이라고 하고 학생들을 액체나 기체를 구성하는 분자라고 해 보죠. 열의 전도 때와는 달리 학생들이 공을 들고 움직여 다음 학생에게 직접 공을 전달했지요. 이렇게 해서 멀리 떨어진 학생도 공을 받을 수 있게 되었어요.

고체는 분자들이 가까이 붙어 있지만 액체나 기체는 분자들이 멀리 떨어져 있지요. 그러니까 지금 실험처럼 분자들이 열을 전달하기 위해서는 조금 더 움직여야 해요. 이렇게 열을 전달하는 것이 대류랍니다.

복사 이야기

이제 마지막으로 복사에 대해 알아보겠습니다. 열의 전도와 대류는 분자들에 의해 열이 전달됩니다. 하지만 태양의 뜨거운 열이 지구로 오는 과정을 보면, 태양과 지구 사이에는 아무것도 없는데(물론 분자들도 없습니다) 어떻게 태양열이 지구로 와서 지구를 뜨겁게 해 줄까요?

이것을 간단하게 실험해 봅시다.

볼츠만은 미나를 불러 저 멀리 서 있게 하고 공을 미나에게 던졌다.

　나를 태양, 미나를 지구라고 생각해 봐요. 그럼 열이 태양에서 지구로 오는 동안 중간에 어느 곳도 거치지 않고 전달되었지요? 이것이 바로 복사입니다.
　뜨거워진 물체는 빛을 방출합니다. 그 빛을 받은 물체가 빛의 에너지를 흡수하여 뜨거워지는 것이 바로 복사이지요. 빛은 중간에 아무것도 없어도 태양에서 지구까지 날아올 수 있으니까요.
　과연 그러한지 간단한 실험으로 알아볼 수 있습니다.

볼츠만은 금속 병 2개에 물을 넣고 온도계를 꽂아 두었다. 처음 두 병의 온도는 같았다. 두 병 중 하나는 흰색 칠을 하고 나머지 한 병은 검은색 칠을 했다. 그러고는 두 병을 햇빛이 잘 드는 곳에 놓아 두었다.

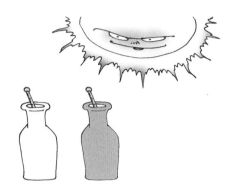

시간이 흐른 후, 어느 병의 온도가 더 높아졌을까요?

__ 검은색 병입니다.

그렇지요. 검은색은 태양에서 오는 빛을 잘 흡수하고 흰색은 빛을 잘 반사시켜요. 그러므로 검은색 병은 빛에너지를 더 많이 흡수해서 온도가 많이 올라가게 되지요. 이런 이유 때문에 겨울에는 검은색 옷을 많이 입고, 여름에는 흰색 옷을 많이 입는 거랍니다.

보온병의 원리

보온병에 차가운 물을 넣어 두면 오랜 시간 동안 온도를 유지할 수 있습니다. 왜 그럴까요?

보온병의 구조는 다음과 같습니다.

안쪽 유리벽은 은으로 도금되어 있어 반짝반짝 빛이 납니다. 그리고 안쪽 유리벽과 바깥쪽 벽 사이에는 공기가 없는 진공 상태입니다.

보온병 속의 차가운 물이 뜨거워지려면 바깥쪽의 뜨거운 공기에 의한 열이 안쪽으로 들어와야 합니다. 하지만 보온병은 열이 안으로 들어오는 것을 막지요.

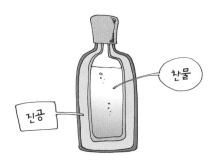

우선 진공 상태에서는 아무 물질도 없으므로 열의 전도나 대류가 일어나지 않습니다. 하지만 열의 복사는 물질이 없어도 이루어질 수 있지요. 하지만 그것도 은도금을 한 벽이 거의 대부분 반사시키기 때문에 빛에너지가 안으로 들어올 수 없습니다. 그러니까 차가운 온도를 그대로 유지하게 되지요.

철수야, 이 난로의 열은 세 가지 방법으로 우리에게 전해져.

그냥 열이 전해지는 게 아니라 세 가지나 되는 방법으로 전해진다고?

그래. 열은 온도가 높은 곳에서 낮은 곳으로 이동하는데 전달 방법에는 전도, 대류, 복사 세 가지가 있어.

전도, 대류, 복사?

난로 위에 동전을 올려놓으면 동전이 뜨거워지지? 이렇게 온도가 다른 두 물체가 붙어 있을 때 온도가 높은 물체에서 온도가 낮은 물체로 열이 이동하는 현상을 전도라고 해. 전도는 주로 고체 물질 사이에서 일어나지.

앗! 뜨거워!

그럼 액체나 기체 상태에서는 열이 어떻게 전달되는 거야? 예를 들어 난로와 우리 사이엔 고체가 없고 공기만 있는데 따뜻함을 느끼잖아.

기체나 액체를 부분적으로 가열하게 되면 가열된 부분의 온도가 올라가 위쪽으로 이동하게 되고, 위쪽은 다시 식어 아래로 이동하게 돼. 이러한 움직임을 계속하다 보면 액체나 기체가 데워지게 되는데, 이렇게 열을 전달하는 방식을 대류라고 하지.

태양

그런데 태양과 지구 사이에는 고체나 액체, 기체도 없는데 어떻게 열이 전달되는 거지?

태양은 열을 빛과 같은 전자기파의 형태로 지구로 보내. 이것을 복사라고 하는데 전도나 대류와 달리 중간에 열을 전달하는 물질이 필요 없기 때문에 어떤 물체에서 다른 물체로 열이 직접 전달되는 거지.

지구

이렇게 열은 전도, 대류, 복사에 의해 전달되는데 일상에서는 종종 이런 열의 이동을 막는 경우가 있어. 보온병은 열의 전도와 복사를 차단해 내부의 열이 나가거나 외부의 열이 들어오지 않게 해 뜨겁거나 차가운 상태를 유지하게 하지.

우아~, 미나는 정말 아는 게 많구나.

주르륵

물질의 상태 변화

물질은 고체, 액체, 기체의 상태를 가질 수 있습니다.
물질의 상태 변화에 대해 알아봅시다.

5

다섯 번째 수업

물질의 상태 변화

볼츠만이 학생들에게
책상 줄을 똑바로 맞추게 한 후
다섯 번째 수업을 시작했다.

물은 차가워지면 얼음이 되고 뜨거워지면 수증기가 됩니다. 이렇게 물질이 다른 모습으로 변하는 것을 물질의 상태 변화라고 하지요.

물질은 고체, 액체, 기체의 3가지 상태를 가집니다. 고체는 분자들 사이의 거리가 가장 가까운 상태입니다. 학생들을 분자로 본다면 수업 시간에 자기 자리에 앉아 있는 모습은 고체 상태를 나타냅니다. 따라서 고체는 부피와 모양이 일정하지요.

고체가 열에너지를 받게 되면 분자들의 운동이 활발해져 분자들 사이의 거리가 멀어집니다. 이러한 상태를 액체라고

합니다. 액체 상태는 쉬는 시간을 즐기는 학생들의 모습과
같아요. 그래서 액체의 부피는 일정하지만 담는 그릇에 따라
모양이 달라집니다.

액체가 열에너지를 받게 되면 분자들의 활동이 더욱 활발
해집니다. 그래서 분자들 사이의 거리가 아주 멀어지지요.

이것이 바로 기체 상태입니다. 기체 상태는 수업이 끝난 후 학생들의 모습과 같다고 볼 수 있지요. 그러므로 기체는 부피도 일정하지 않고 모양도 일정하지 않습니다.

융해와 응고

고체와 액체 사이의 상태 변화에 대해 알아봅시다.

고체에 열을 가하면 액체가 되는데, 이 현상을 융해라고 합니다. 예를 들어 고체인 얼음에 열을 가하면 녹아서 액체인 물이 되지요.

실험으로 간단하게 알아볼 수 있습니다.

볼츠만은 학생들에게 서로 손을 잡고 동그라미를 만들게 했다.

그리고 가볍게 몸을 흔들라고 했다.

이것이 고체 상태입니다. 학생들이 바로 고체 분자들이죠.

볼츠만은 학생들에게 가능한 한 아주 빠르게 돌게 했다. 학생들이
너무 빠르게 돌다가 손을 놓치는 경우가 생겨났다.

바로 이것이 고체가 녹는 과정입니다. 열을 받으면 분자들의 운동이 학생들처럼 활발해져서 분자들 사이의 힘이 약해지지요. 이 실험에서 손을 잡은 상태는 두 분자 사이의 힘이 강한 상태를, 손을 놓친 상태는 힘이 약해진 상태를 각각 나타냅니다.

이렇게 분자들이 열을 받아 분자들 사이의 거리가 멀어져 고체가 액체로 되는 과정이 융해이지요. 그러므로 융해가 일어나기 위해서는 외부에서 고체에 열을 공급해야 하지요.

융해는 고체가 액체로 바뀌는 과정입니다. 이 과정의 반대 과정이 바로 응고인데, 응고는 액체를 고체로 만드는 과정입니다. 예를 들면, 물을 냉동고에 넣으면 얼음이 되는 것과 같습니다.

증발

밀봉하지 않은 그릇 속의 물은 시간이 지나면 말라 버립니다. 왜냐하면 액체 상태의 물이 기체인 수증기로 변해 공기 중으로 날아가 버리기 때문입니다. 이렇게 표면의 액체가 기체로 바뀌는 현상을 증발이라고 합니다.

이것은 액체가 열을 받아 분자들의 운동이 활발해져서 기체로 변하는 현상이지요. 그러므로 증발이 일어나려면 액체에 열을 공급해 주어야 합니다.

예를 들어, 물 1g을 증발시키기 위해서는 539cal의 열을 공급해 주어야 합니다.

어떤 물질에서 증발이 일어나면 그 물질 속의 액체가 기체로 변해 달아납니다. 따라서 남아 있는 물질은 열에너지를 잃어버린 셈이 되지요. 그래서 남아 있는 물질의 온도는 내려가게 됩니다.

5명의 친구들이 100원씩을 가지고 있을 때, 그중 1명의 친구가 300원이 꼭 필요하다고 합니다. 그래서 나머지 4명의 친구들에게 50원씩을 빌리면 자신은 300원을 가지게 됩니다. 하지만 나머지 4명의 친구들은 50원씩 줄어들게 되는 원리와 같습니다.

이러한 예는 여러 곳에서 찾아볼 수 있습니다. 목욕을 하고 밖으로 나오면 추워집니다. 그것은 몸에 붙어 있던 물방울들이 증발하여 우리 몸의 열에너지를 빼앗아 버리기 때문이지요.

증발을 이용하면 여름에 물통 속의 물을 차갑게 유지시킬 수 있습니다. 물통 속의 물은 뜨거운 공기와 접촉하여 뜨거운 공기의 열에너지를 전달받아 더워집니다. 이때 물통을 물수건으로 덮으면 물통 속의 물을 차게 유지할 수 있습니다.

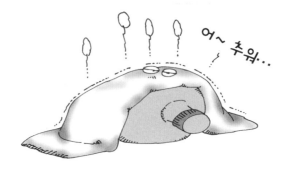

그 이유는 간단합니다. 물통을 감싼 물수건에는 수많은 물
방울들이 있습니다. 이 물방울들이 증발하게 되면 수건은 차
가워집니다. 그러므로 차가워진 수건과 접촉해 있는 물통 속
의 물이 차갑게 유지될 수 있는 거지요.

응축

증발은 액체가 열을 공급받아 기체가 되는 과정입니다. 반
대로 기체가 열을 빼앗겨 액체로 되는 과정을 응축이라고 합
니다.

볼츠만은 얼음물이 담긴 컵을 따뜻한 햇살 아래에 놓아 두었다.
잠시 후 컵 표면에 물방울이 맺혔다.

　이 물방울들은 응축 현상에 의해 만들어졌습니다. 공기 중에 있는 수증기가 차가운 컵과 부딪치면 열에너지를 잃어버리므로 더 이상 기체 상태로 있지 못하고 액체인 물방울이 되는 과정입니다.

　구름이나 안개가 만들어지는 것도 바로 이러한 응축 현상이지요. 더운 공기가 위로 올라가면 다른 공기 분자들과 충돌하여 열에너지를 잃고 차가워집니다. 이때 차가워진 공기 속의 수증기가 응축한 후 액체인 물방울로 바뀌어 구름을 만듭니다.

　그런데 응축 현상이 땅 근처에서 일어나면 그것을 안개라고 하지요. 그러므로 안개와 구름은 같은 현상입니다.

고체에 열에너지를 공급하면 액체가 되고 다시 열에너지를 공급하면 기체가 됩니다. 반대로 기체가 열에너지를 잃어버리면 액체가 되고 다시 열에너지를 잃어버리면 고체가 됩니다.

그런데 어떤 물질은 액체 상태를 거치지 않고 고체에서 기체로 또는 기체에서 고체로 변하는데, 이런 현상을 승화라고 하지요.

승화를 일으키는 대표적인 물질은 드라이아이스입니다. 드라이아이스는 사실 고체 상태의 이산화탄소를 말합니다. 이

산화탄소는 −78℃에서 고체인 드라이아이스가 되는데, 이것이 열을 받으면 액체를 거치지 않고 곧바로 기체인 이산화탄소가 됩니다.

이때 주위에 김이 서리는 것을 기체 이산화탄소로 알고 있는 학생들이 있어요. 하지만 그것은 옳지 않아요. 눈에 보이는 김은 공기 중의 수증기가 차가운 드라이아이스와 접촉하여 응축되어 만들어진 물방울들이니까요. 그리고 기체 이산화탄소는 눈에 보이지 않습니다.

흠, 물체의 모양을 바꿀 신기한 마법이 없을까?

마법은 아니지만 물체는 열에 의해 상태가 변하게 되고 상태가 변하면 모양도 변하게 되죠.

삐걱

열이라고요?

네. 고체에 열을 공급하면 액체가 되는데, 그것을 융해라고 합니다. 고체인 얼음에 열을 공급하면 녹아서 액체인 물이 되는 것처럼요. 반대로 액체인 물에서 열을 빼앗으면 고체인 얼음이 되죠. 이것은 응고라고 합니다.

왜 그런 거죠?

고체 상태에선 분자들이 단단히 붙어 있지만 열을 받으면 분자들의 운동이 활발해져서 분자들 사이의 힘이 약해지면서 분자들 사이의 거리가 멀어져 고체가 액체로 되는 것이죠.

또, 열에 의한 물질의 상태 변화로 융해와 응고 외에 증발이 있습니다. 증발은 액체 표면의 분자가 기체로 바뀌는 현상을 말하는 것으로 액체가 열을 받아 분자들의 운동이 활발해져서 일어납니다.

융해와 비슷한 원리군요.

그럼 그 반대의 과정은 어떨까요? 여름에 얼음물이 담긴 컵을 두면 컵 표면에 물방울이 맺히죠? 그건 공기 중에 있는 수증기가 차가운 컵과 닿으면서 열에너지를 잃어버리고 액체인 물방울이 되기 때문이에요. 이처럼 기체가 열을 빼앗겨 액체로 되는 과정을 응축이라고 하지요.

열 열 열 열 열

그리고 마지막으로 승화라는 것이 있는데요. 보통의 고체와 달리 어떤 물질은 액체 상태를 거치지 않고 고체에서 바로 기체로 변하기도 하는데, 이런 현상을 승화라고 해요. 대표적인 승화 물질로는 드라이아이스가 있답니다.

오호~, 정말 마법 같군요.

열역학 제1법칙

열과 역학과의 관계를 조사하는 물리를 열역학이라고 합니다.
열역학 제1법칙에 대해 알아봅시다.

여섯 번째 수업

열역학 제1법칙

6

교. 고등 물리 II   1. 운동과 에너지

과.

연.

계.

볼츠만이 긴 턱수염을 쓰다듬으며
여섯 번째 수업을 시작했다.

열과 역학적 에너지 사이의 관계를 다루는 물리를 열역학이
라고 합니다. 오늘은 열역학 제1법칙에 대해 알아보겠습니다.

이 세상에는 많은 종류의 에너지가 있습니다. 운동 에너지,
위치 에너지, 화학 에너지 같은 것들이 그 예입니다. 그리고
물질 속에도 여러 형태의 에너지가 있습니다. 물질 속에 있
는 모든 에너지를 통틀어 물질의 내부 에너지라고 합니다.

열을 이용하여 움직이는 기관을 열기관이라고 하지요. 뜨
거운 증기를 이용하여 움직이는 증기 기관이 그 예입니다.

열역학 제1법칙은 열기관에 열을 공급했을 때 작용하는 법칙입니다.

열역학 제1법칙 : 열기관에 열을 공급하면 같은 양의 다른 형태의 에너지로 바뀐다.

간단하게 실험해 보죠.

볼츠만은 주전자에 물을 담아 가스레인지 위에 올려놓았다. 잠시 후 물이 끓으면서 주전자 뚜껑이 들썩거렸다.

이 주전자도 열기관입니다. 이 주전자에는 물이 들어 있고 뚜껑이 있습니다. 그리고 가스레인지를 이용하여 주전자에

열을 공급하고 있습니다.

주전자에 공급한 열에너지는 물의 온도를 높이는 데에도 사용되었지만, 뚜껑을 위로 올리는 데에도 사용되었습니다. 즉, 여러 가지 형태의 에너지로 바뀐 셈이지요. 여기서 물이나 주전자의 온도가 올라간 것은 물의 내부 에너지가 증가했음을 의미합니다. 또한 뚜껑을 올라가게 하는 것은 주전자가 한 일이라고 볼 수 있지요.

그러므로 열역학 제1법칙은 다음과 같이 쓸 수도 있습니다.

열기관에 공급한 열 = 내부 에너지의 증가 + 열기관이 한 일

그러므로 주전자의 뚜껑을 손으로 눌러 올라가지 못하게 한다면 주전자와 물의 내부 에너지는 더 크게 증가합니다.

즉, 물이 더 빨리 끓게 되지요.

열역학 제1법칙은 간단하게 비유할 수 있습니다.

미나를 열기관이라고 하고, 열이나 다른 에너지를 모두 돈이라고 합시다. 만약 미나가 현재 2,000원을 가지고 있다면, 2,000원은 미나의 내부 에너지를 나타냅니다.

볼츠만은 미나에게 1,000원을 주었다.

내가 미나에게 준 돈이 바로 열기관에 공급된 열입니다. 그
러므로 미나의 내부 에너지는 1,000원 증가했습니다.

볼츠만은 미나에게 500원짜리 학생스크림을 사 오라고 했다.

이제 미나에게 준 돈 중 500원은 아이스크림 가게 주인에
게 갔지요? 그러므로 미나가 가진 돈은 500원뿐입니다. 그
러므로 다음과 같죠.

미나가 받은 돈 = 미나가 가진 돈 + 학생스크림 값

　1,000원　　　　　500원　　　　　500원

이것이 바로 열역학 제1법칙입니다. 이때 아이스크림 값은
열기관이 한 일을 나타냅니다.

단열 과정

외부에서 열의 공급이 없어도 기체가 팽창하거나 수축하면 온도가 변합니다. 이렇게 외부에서 열이 공급되지 않는 과정을 단열 과정이라고 합니다.

이 경우 열기관에 공급한 열은 0이 됩니다. 다음과 같은 열역학 제1법칙으로 나타낼 수 있지요.

0 = 내부 에너지의 증가 + 열기관이 한 일

이때 열기관이 한 일이 (+)이면 내부 에너지의 증가가 (−)이므로 내부 에너지는 감소하고, 열기관이 한 일이 (−)이면 내부 에너지의 증가가 (+)이므로 내부 에너지는 증가합니다.

먼저 내부 에너지가 감소하는 경우를 살펴봅시다.

열기관이 팽창하면 열기관이 외부에 일을 하게 됩니다. 이때 열기관이 한 일은 (+)가 되지요. 그러므로 이때 내부 에너지 증가는 (−)가 됩니다. 즉, 열기관의 내부 에너지가 감소하므로 온도가 내려갑니다.

볼츠만은 학생들에게 입을 작게 벌려서 손바닥에 훅 불어 보게 했다.

손바닥에 닿은 공기가 시원한가요, 아니면 더운가요?

＿ 시원합니다.

이것이 바로 단열 과정의 예입니다. 입 안의 공기가 작은 입을 통해 나와 갑자기 부피가 커지게 되므로 기체의 내부 에너지는 감소하게 되지요. 그러면 기체의 온도는 내려가서 시원해지는 것입니다.

이번에는 내부 에너지가 증가하는 경우를 보죠.

열기관이 수축하면 외부가 열기관에 일을 하게 됩니다. 이럴 때 열기관은 (−)의 일을 하지요. 그러므로 이때 내부 에너지 증가는 (+)가 됩니다. 즉, 열기관의 내부 에너지가 증가하므로 온도가 올라갑니다.

볼츠만은 학생들에게 입을 크게 벌려서 손바닥에 불어 보게 했다.

손바닥에 닿은 공기가 시원한가요, 아니면 더운가요?

__ 덥습니다.

이것도 바로 단열 과정의 예입니다. 입 안의 공기가 큰 입을 통해 나와 갑자기 부피가 작아지게 되므로 기체의 내부 에너지는 증가하지요. 그러면 기체의 온도는 올라가서 더운 공기가 되는 것입니다.

제1종 영구 기관

다시 정리해 보면, 열역학 제1법칙은 에너지 보존 법칙입니다. 다시 말해 물질이 받은 에너지는 다른 종류의 에너지로 바뀌지만 모든 에너지의 합은 변하지 않는다는 거죠.

예를 들어, 바닥에 있는 돌멩이가 저절로 위로 올라가지 않지요? 이런 일을 불가능하게 만드는 원리가 바로 에너지 보존 법칙입니다.

바닥에 있는 돌멩이는 정지해 있으므로 운동 에너지가 0이고, 바닥을 기준선으로 하면 위치 에너지 역시 0이 됩니다. 그러므로 돌멩이가 가진 에너지의 총합은 0이 됩니다.

만일 이 물체가 저절로 위로 올라간다고 합시다. 바닥보다 위로 올라갔으므로 위치 에너지는 (+)가 됩니다. 그런데 전체 에너지가 0이었고, 이것이 보존되니까 운동 에너지는 (−)가 되어야 합니다. 하지만 운동 에너지는 속력의 제곱에 비례하므로 (−)가 될 수 없지요. 따라서 돌멩이가 저절로 위로 올라가는 일은 절대 없습니다.

에너지가 보존이 된다고 했는데, 그럼 왜 물체를 밀면 물체가 조금 움직이다가 멈출까요? 물체를 밀면 물체는 운동 에너지를 가지게 됩니다. 하지만 물체는 바닥과의 마찰 때문에 운동 에너지를 잃어버리면서 속력이 줄어들고 마지막에는 속력이 0이 되어 멈추게 됩니다.

그럼 이때 물체의 에너지는 사라진 걸까요? 그렇지 않습니다. 이때 사라진 운동 에너지는 다른 종류의 에너지로 바뀐 거죠. 물체와 바닥의 마찰에 의해 생긴 열에너지가 바로 그것입니다.

이렇게 물체가 가지고 있는 모든 종류의 에너지의 총합은 보존되고, 다만 다른 종류의 에너지로 바뀌는 것뿐입니다.

예를 들어, 모터는 전기 에너지를 운동 에너지로 바꾸어 주고, 전등은 전기 에너지를 빛에너지로, 전열기는 전기 에너

지를 열에너지로, 발전기는 운동 에너지를 전기 에너지로, 열 기관은 열에너지를 운동 에너지로 바꾸어 주지요. 따라서 외부로부터 에너지의 공급 없이 물체가 저절로 움직이는 일은 없습니다.

옛날 사람들은 외부 에너지의 도움 없이 저절로 움직이는 기관을 생각해 냈는데, 그것을 제1종 영구 기관이라고 합니다. 물론 열역학 제1법칙에 따르면 그런 기관은 만들 수 없지요.

과학자의 비밀노트

제1종 영구 기관

영구 기관은 한 번 작동하기 시작하면 외부에서 연료를 공급하지 않는 상태로, 힘을 가하여 정지시키지 않는 한 영원히 계속 운동하는 기관을 말한다. 제1종 영구 기관은 외부로부터 전혀 에너지 공급이 없는 환경에서 에너지를 생산해 내는 기관이다. 하지만 이는 에너지 보존 법칙에 어긋나기 때문에 불가능하다.

왜 물체를 밀면 조금 움직이다가 멈출까요?

물체를 밀면 물체는 운동 에너지를 가지게 되지만, 바닥과의 마찰 때문에 운동 에너지를 잃어버리면서 속력이 줄어들다가 0이 되어 멈춘답니다.

그럼 이때 물체의 에너지는 사라진 건가요?

그렇지 않아요. 물체의 운동 에너지는 바닥과의 마찰에 의해 생긴 열에너지로 바뀐 거지요. 이처럼 에너지가 보존되는 법칙을 열역학 제1법칙이라고 해요.

운동 에너지
⬇
열에너지

열역학 제1법칙은 '에너지 보존 법칙'으로 에너지는 다른 종류로 바뀔 순 있지만 에너지 총합은 변하지 않는다는 거지요. 지금 바닥에 있는 돌이 저절로 위로 올라갈 수 있을까요?

그건 불가능한 일이잖아요.

바닥에 있는 돌

열역학 제1법칙
= 에너지 보존 법칙

그렇지요. 그건 에너지 보존 법칙 때문이에요. 바닥에 있는 돌멩이는 운동 에너지가 0이고, 바닥을 기준으로 하면 위치 에너지 역시 0이에요. 그래서 돌멩이가 가진 에너지의 총합은 0이 되지요.

운동 에너지=0
위치 에너지=0

만일 돌멩이가 저절로 올라가면 위치 에너지는 (+)가 되지요. 그런데 전체 에너지가 0이니까 운동 에너지는 (−)가 되어야 하지만 속력의 제곱에 비례하므로 (−)가 될 수 없지요. 그래서 돌멩이가 저절로 위로 올라갈 수 없는 거예요.

위치 에너지=(+)
운동 에너지=(−)
전체 에너지=0

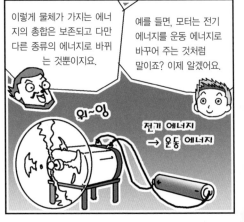

이렇게 물체가 가지는 에너지의 총합은 보존되고 다만 다른 종류의 에너지로 바뀌는 것뿐이지요.

예를 들면, 모터는 전기 에너지를 운동 에너지로 바꾸어 주는 것처럼 말이죠? 이제 알겠어요.

위~잉

전기 에너지
→ 운동 에너지

7

엔트로피 이야기

분자들은 질서 있는 운동을 좋아할까요, 무질서한 운동을 좋아할까요?
엔트로피에 대해 알아봅시다.

일곱 번째 수업

엔트로피 이야기

볼츠만이 책상 배치를 바꾼 후
일곱 번째 수업을 시작했다.

오늘은 엔트로피에 대한 이야기를 하겠습니다.

볼츠만은 왼쪽에는 남학생들만, 오른쪽에는 여학생들만 앉아 있게
했다.

지금 여러분은 남자, 여자가 구별되도록 앉아 있습니다. 이런 상태는 가장 질서 정연한 상태입니다.

엔트로피는 '~로 변하다'라는 뜻을 가진 그리스어 '엔트로페'에서 나온 말이지요. 엔트로피란 무질서한 정도를 나타내는 양입니다. 즉, 무질서할수록 엔트로피가 크다고 말합니다.

그러므로 지금 여러분이 앉은 상태는 엔트로피가 가장 작은 상태입니다.

볼츠만은 학생들에게 앉고 싶은 자리에 가서 앉게 했다.

각자가 자신이 좋아하는 사람 옆으로 갔군요. 그래서 남학생과 여학생이 골고루 섞였지요? 즉, 많이 무질서해졌습니다. 이 상태는 엔트로피가 큰 상태를 나타냅니다.

여러분에게 특별히 남자 따로 여자 따로 앉으라는 이야기를 하지 않으면 여러분은 나뉘지 않고 앉게 됩니다. 자연에서도 마찬가지죠. 2개의 서로 다른 알갱이를 섞었을 때 골고루 섞여 있는 상태가 가장 자연스러운 상태입니다.

엔트로피

이번에는 예를 통해 엔트로피의 뜻을 알아봅시다.

볼츠만은 칸막이로 2개의 방을 나누어 한쪽에는 공기를 채우고, 다른 한쪽은 진공이 되게 하였다.

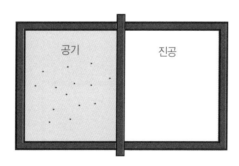

진공이란 공기 분자가 없는 상태이지요. 여기서 칸막이를 빼면 공기가 원래 있던 곳에 그대로 머물러 있을까요?

그런 일은 일어나지 않습니다. 공기가 없던 방으로 공기가
움직여 전체적으로 공기가 있는 방이 될 것입니다. 이때가
엔트로피가 가장 커지게 되는 경우입니다.

왜 그런지 알아봅시다.

볼츠만은 1, 2, 3, 4라고 쓴 바둑알 4개를 칸막이가 있는 2개의 방
중 오른쪽 방에 모두 놓았다.

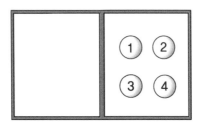

바둑알을 분자라고 생각합시다. 칸막이를 열었을 때 모든

분자가 오른쪽에 있는 상태가 되는 경우는 다음과 같이 1가
지뿐이지요.

　이번에는 1개의 분자가 왼쪽 방으로 이동하는 경우를 봅시
다. 다음과 같이 4가지 가능성이 있습니다.

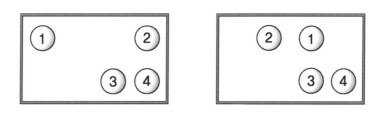

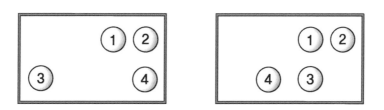

이번에는 2개의 분자가 왼쪽 방으로 이동하는 경우를 봅시다. 다음과 같이 6가지 가능성이 있습니다.

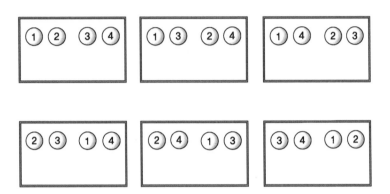

이번에는 3개의 분자가 왼쪽 방으로 이동하는 경우를 봅시다. 다음과 같이 4가지 가능성이 있습니다.

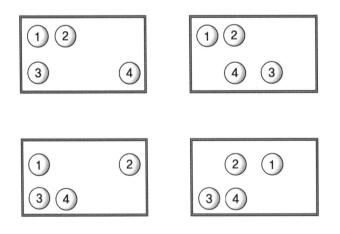

이번에는 4개의 분자가 왼쪽 방으로 이동하는 경우를 봅시다. 다음과 같이 1가지 가능성이 있습니다.

이 모든 경우를 합치면 16가지 경우가 나옵니다. 그러므로 앞에서 이야기한 각 경우의 확률은 다음과 같습니다.

왼쪽 0개, 오른쪽 4개 : $\dfrac{1}{16}$

왼쪽 1개, 오른쪽 3개 : $\dfrac{4}{16}$

왼쪽 2개, 오른쪽 2개 : $\dfrac{6}{16}$

왼쪽 3개, 오른쪽 1개 : $\dfrac{4}{16}$

왼쪽 4개, 오른쪽 0개 : $\dfrac{1}{16}$

이때 확률이 가장 큰 경우는 왼쪽에 2개, 오른쪽에 2개의 분자가 있는 경우입니다. 즉, 이 경우가 가장 무질서하며 엔트로피가 큰 경우라고 생각할 수 있습니다.

물론 위의 예에서 왼쪽과 오른쪽에 골고루 섞여 있을 확률은 왼쪽에 모든 분자가 있거나, 오른쪽에 모든 분자가 있을 확률의 6배입니다. 확률이 크다는 것은 그만큼 그 상태가 일어나기 쉽다는 것을 말하죠.

그렇다고 확률이 6배 크다고 해서 한쪽에 모든 분자가 존재하는 경우가 안 생긴다고 말하기는 곤란합니다. 하지만 물질을 이루는 분자의 개수는 우리가 상상할 수 없을 정도로 많기 때문에 두 종류의 물질을 구성하는 분자들이 섞일 때 원래의 모습을 유지할 확률은 아주 작습니다. 즉, 골고루 섞여 있는 경우가 가장 많이 일어나지요.

자연은 바로 확률이 높은 상태를 택하게 됩니다. 그러므로 두 물질이 섞이는 반응은 엔트로피가 커지는 방향으로 진행됩니다.

8

열역학 제2법칙

열이 차가운 물체에서 뜨거운 물체로 저절로 흐를 수 있을까요?
열역학 제2법칙에 대해 알아봅시다.

8

교. 고등 물리 II   1. 운동과 에너지
과.
연.
계.

볼츠만이 바닥에 공을 튀기면서
여덟 번째 수업을 시작했다.

바닥에 놓여 있는 공이 저절로 위로 솟구치는 일을 본 적이
있나요?

＿ 아니요!

물론 그런 일은 없습니다. 이상하죠? 공이 주위로부터 에
너지를 얻으면 위로 올라갈 수 있을 것 같은데…….

반대로 위로 올라간 공은 저절로 아래로 떨어집니다. 이렇
게 물체는 위에서 아래로는 저절로 움직이지만, 아래에서 위
로는 저절로 움직이지 않습니다.

그렇다면 정지해 있는 자동차가 주위로부터 열에너지를 받

아 저절로 움직일 수 있나요? 물론 그런 일도 일어나지 않습니다. 하지만 정지해 있는 자동차를 밀면 자동차는 조금 움직인 후 멈추게 됩니다. 즉, 지면과의 마찰로 인해 에너지를 모두 잃어버렸기 때문이지요. 이 과정에서 잃어버린 에너지는 대부분 열에너지로 바뀌어 버렸습니다.

이렇게 자연에서의 어떤 과정은 한 방향으로만 진행이 되고, 그 반대 방향으로의 과정은 저절로 일어나지 않습니다. 이것이 바로 열역학 제2법칙이지요.

그럼 어떤 방향으로 반응이 일어날까요? 열역학 제2법칙은 엔트로피 증가의 법칙입니다. 다음과 같지요.

모든 반응은 엔트로피가 증가하는 방향으로 진행된다.

즉, 엔트로피가 점점 커져 최대가 될 때까지 반응이 이루어집니다.

볼츠만은 칸막이가 있는 2칸의 용기에 한쪽에는 70℃의 물을, 나머지 한쪽에는 30℃의 물을 같은 양만큼 넣었다.

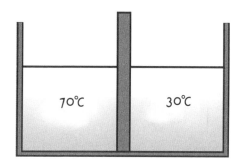

이제 칸막이를 빼면 양쪽의 물이 섞이게 될 것입니다.

볼츠만은 가운데 있는 칸막이를 뺐다.

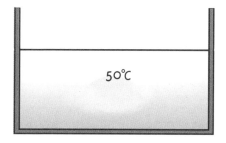

미지근한 물이 되었지요? 이때 물의 온도는 30℃와 70℃의 평균인 50℃입니다. 이렇게 찬물과 더운물이 섞였을 때 엔트로피가 제일 커지게 됩니다. 그러므로 찬물과 더운물을 섞으면 이 온도가 될 때까지 반응이 일어나겠지요. 그렇게 해서 온도가 50℃가 되면 엔트로피는 최대가 되어 더 이상 증가하지 않고, 반응도 더 이상 진행되지 않는 평형 상태가 되지요.

열기관

열에너지를 이용하여 일을 하는 기관을 열기관이라고 합니다. 열기관에는 증기 기관, 가솔린 엔진, 디젤 엔진 등이 있습니다. 이제 열기관의 원리를 알아봅시다.

모든 열기관은 높은 온도의 열원과 연결되어 있습니다. 이때 높은 온도의 열원에서 열기관으로 열이 흐르게 되지요. 그 열의 일부를 열기관은 일로 바꿉니다. 그리고 남은 열을 온도가 낮은 주위로 내보냅니다.

이것을 식으로 나타내면 다음과 같습니다.

열기관이 받은 열 = 열기관이 한 일 + 열기관이 방출한 열

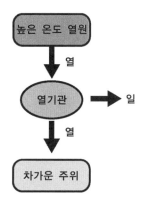

모든 열기관은 자신이 받은 열을 모두 일로 바꿀 수 없습니다. 이때 열기관이 받은 열 중 열기관이 한 일의 비율을 열기관의 효율이라고 합니다. 즉, 효율이 100%인 열기관은 존재하지 않지요.

만일 그런 기관이 있다면 그것은 열역학 제2법칙에 위배되는 데, 그런 기관을 제2종 영구 기관이라고 합니다. 물론 그런 영구 기관은 만들 수 없습니다.

과학자의 비밀노트

제2종 영구 기관

단 하나의 열원으로부터 열량을 흡수하여 이것을 그대로 외부에 대한 일로 계속 바꾸는 기계를 제2종 영구 기관이라 한다. 즉, 열을 그대로 모두 일로 바꾸는 효율 100%의 열기관인데, 이것은 불가능하다. 왜냐하면 마찰이나 열의 발생으로 에너지 손실이 있기 때문이다.

정지해 있는 자동차에 열에너지를 가하면 저절로 움직일 수 있나요?

그럴 수 없어요.

정말인가요? 풍선도 가벼워서 저절로 위로 올라갈 수 있을 것 같은데….

그렇지 않아요. 물체는 위에서 아래로는 저절로 움직이지만, 아래에서 위로는 저절로 움직이지 않지요.

스스로 위로 못 올라감

정지해 있는 자동차를 밀면 조금 움직인 후 멈추게 되지요. 이때 지면과의 마찰로 인해 운동 에너지가 대부분 열에너지로 바뀌는 거랍니다.

그렇다면 자연에서의 어떤 과정은 한 방향으로만 진행이 되고, 그 반대 방향으로의 과정은 저절로 일어나지 않는군요.

맞아요. 이것이 바로 열역학 제2법칙, 즉 엔트로피 증가의 법칙이지요. 모든 반응은 엔트로피가 증가하는 방향으로 진행돼서 엔트로피가 최대가 될 때까지 반응이 이루어진답니다.

좀 더 쉽게 실험으로 보여 주세요.

열역학 제2법칙
=엔트로피 증가의 법칙

칸막이가 있는 용기에 각각 30℃의 물과 70℃의 물을 같은 양만큼 넣은 후 칸막이를 빼면 양쪽 물이 섞여서 50℃의 미지근한 물이 되지요.

30°   70°   →   50°

즉, 온도가 50℃가 되면 엔트로피는 최대가 되어 반응도 더 이상 진행되지 않아요. 이때를 '평형'이라고 불러요.

실험을 하니까 금방 알겠어요.

맥스웰의 도깨비

열역학 제2법칙이 성립하지 않으면 어떤 일이 일어날까요?
맥스웰이 생각해 낸 질서를 만드는 도깨비와 함께 알아봅시다.

9

마지막 수업
맥스웰의 도깨비

볼츠만이
지금까지의 수업 내용을 정리하며
마지막 수업을 시작했다.

이제 열에 대한 강의를 모두 마쳤습니다. 오늘은 1871년 영국의 물리학자 맥스웰(James Maxwell, 1831~1879)이 상상한 도깨비에 대한 이야기로 모든 수업을 마무리 하겠습니다.

맥스웰은 만일 모든 반응이 거꾸로도 진행될 수 있다면, 그것은 인간이 아닌 어떤 보이지 않는 도깨비가 했을 것이라고 생각했습니다. 물론 현실 세계에는 그런 도깨비가 없습니다.

예를 들어, 물컵에 실수로 빨간 잉크를 한 방울 떨어뜨렸습니다. 잉크는 골고루 퍼져 물을 빨갛게 물들입니다. 물론 이 반응을 거꾸로 돌려 다시 잉크가 한 점에 모여 있게 만들 수

과학자의 비밀노트

맥스웰(James Maxwell, 1831~1879)

영국의 물리학자로 전자기학 분야에서 장(場)의 개념을 집대성하였으며 빛의 전자기파설의 기초를 세웠다. 패러데이의 고찰에서 출발하여 유체역학적 모델을 써서 수학적 이론을 완성하고, 유명한 전자기장의 기초 방정식인 맥스웰 방정식(전자기 방정식)을 도출하여 그것으로 전자기파의 존재에 대한 이론적인 기초를 확립했다. 전자기파의 전파 속도가 광속도와 같고, 전자기파가 횡파라는 사실도 밝힘으로써 빛의 전자기파설의 기초를 세웠다.

기체의 분자 운동에 관한 연구도 빛나는 업적이다. 분자의 평균 속도 대신 분자 속도의 분포를 생각하며 속도 분포 법칙을 만들고, 그 확률적 개념을 시사함으로써 통계 역학의 기초를 닦았다(맥스웰—볼츠만의 분포 법칙).

는 없습니다. 한 방울의 잉크를 건져 내기만 하면 우리는 다시 깨끗한 물을 얻을 수 있겠지요. 하지만 그런 일은 불가능합니다. 바로 열역학 제2법칙 때문입니다.

맥스웰은 열역학 제2법칙을 싫어하는 도깨비가 있다면 잉크가 다시 한 점에 모이게 할 수 있다고 생각했지요. 그런 도깨비가 없기 때문에 열역학 제2법칙이 성립하는 것입니다.

자, 그럼 도깨비가 어떻게 잉크와 물을 분리하는지를 살펴봅시다. 떨어뜨린 잉크는 '잉크 분자'로 이루어져 있고 물은 '물 분자'로 이루어져 있습니다.

맥스웰의 도깨비들은 잉크 분자와 물 분자가 골고루 섞여 있는 물컵에 칸막이를 만듭니다. 칸막이에는 아주 작은 구멍들이 많이 있습니다. 이제 도깨비들은 구멍 하나씩을 지키게 됩니다.

지금은 여전히 칸막이의 왼쪽과 오른쪽 모두 잉크 분자와 물 분자들이 골고루 섞여 있습니다. 하지만 분자들은 열심히 움직이고 있지요. 그러다 보면 도깨비들이 지키고 있는 구멍에 가까이 가는 분자들도 생기게 됩니다. 물론 구멍이 닫혀 있다면 반대쪽 칸으로 분자들은 움직일 수 없지요. 하지만 도깨비가 문을 열어 준다면 분자들은 다른 방으로 이동할 수 있습니다.

이제 각 구멍을 지키는 도깨비들은 다음과 같은 약속을 하였습니다.

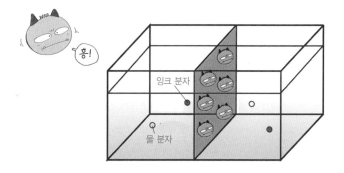

잉크 분자

물 분자

ⓐ 왼쪽 방에서 오른쪽 방으로 가려는 잉크 분자가 오면 구멍을 닫는다.

ⓑ 왼쪽 방에서 오른쪽 방으로 가려는 물 분자가 오면 구멍을 연다.

ⓒ 오른쪽 방에서 왼쪽 방으로 가려는 잉크 분자가 오면 구멍을 연다.

ⓓ 오른쪽 방에서 왼쪽 방으로 가려는 물 분자가 오면 구멍을 닫는다.

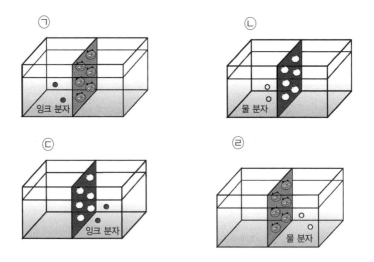

도깨비들은 이런 방법으로 물 분자들과 잉크 분자들을 통제합니다. 이런 일들이 계속 진행되면 왼쪽 방에는 잉크 분자들만 있게 되고 오른쪽 방에는 물 분자들만 있게 되어 잉크와 물을 분리할 수 있게 됩니다.

하지만 이런 도깨비들은 없습니다. 그러므로 잉크 분자와

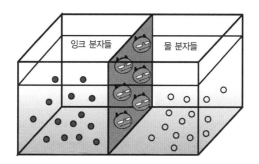

물 분자가 저절로 분리되는 일은 일어나지 않지요. 이것이 바로 열역학 제2법칙입니다. 즉, 맥스웰은 질서를 만드는 도깨비들이 없기 때문에 한번 무질서해진 것이 저절로 질서 정연하게 배열되는 일은 생기지 않는다고 생각한 거지요.

어쩌지? 잉크가 물컵에 떨어져 버렸네.

컵에 실수로 떨어뜨린 잉크 한 방울이 물속에 퍼져서 물을 파랗게 만들어 버렸잖아. 이 반응을 거꾸로 돌릴 순 없을까?

하지만 그런 일은 불가능해요.

왜 그렇지요?

바로 열역학 제2법칙 때문이지요. 1871년 맥스웰은 만일 열역학 제2법칙을 싫어하는 도깨비가 있어서 모든 반응이 거꾸로도 진행될 수 있다면, 잉크가 다시 한 점에 모이게 할 수 있다고 생각했지요. 하지만 그런 도깨비는 없지요.

난 열역학 제2법칙이 싫어!

그럼 도깨비들이 어떻게 잉크와 물을 분리하는지를 살펴볼까요? 잉크 분자와 물 분자가 골고루 섞여 있는 물컵에 칸막이를 만들어요. 칸막이에는 아주 작은 구멍들이 많이 있어요. 이제 도깨비들은 구멍 하나씩을 지키게 되지요.

잉크 분자

물 분자

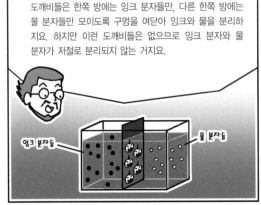

도깨비들은 한쪽 방에는 잉크 분자들만, 다른 한쪽 방에는 물 분자들만 모이도록 구멍을 여닫아 잉크와 물을 분리하지요. 하지만 이런 도깨비들은 없으므로 잉크 분자와 물 분자가 저절로 분리되지 않는 거지요.

잉크 분자들

물 분자들

이것이 바로 열역학 제2법칙이에요. 즉 맥스웰은 질서를 만드는 도깨비들이 없기 때문에 한번 무질서해진 것이 저절로 질서정연해지는 일은 생기지 않는다고 생각한 거예요.

그렇군요. 그러고 보니 오늘이 마지막 수업이네요. 감사드려요, 선생님.

맥가이버, 사우디 왕을 구출하다

이 글은 저자가 창작한 과학 동화입니다.

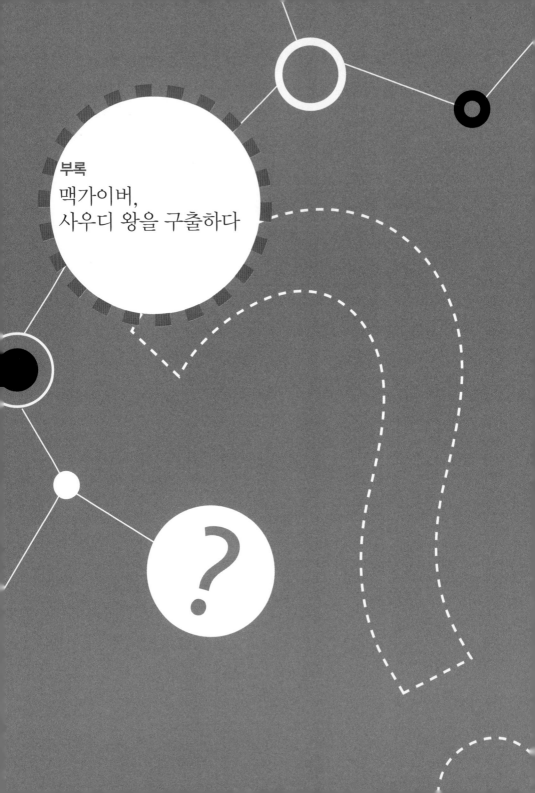

부록
맥가이버,
사우디 왕을 구출하다

맥가이버는 미 첩보국
특수 공작원입니다.

그의 손에서는 주변의 그 어떤 작은 사물도 특별해질 수 있습니다. 그가 마술사냐고요? 그렇지는 않습니다. 다만 과학을 잘 이용해서 특별해질 수 있는 것입니다.

오늘도 맥가이버는 실험실에서 무언가를 만드느라 모든 신경을 곤두세운 채 끙끙대고 있습니다. 그때였습니다.

"따르릉."

전화벨 소리에 깜짝 놀란 맥가이버가 허둥지둥 수화기를 찾아 들었습니다.

"맥가이버, 어서 출동 준비를 하게! 급한 일이야!"

맥가이버의 직속 상관인 미 첩보부 톰슨 부장은 늘 이렇게 전화로 그에게 특수 임무를 전달합니다.

"무슨 일이 벌어진 겁니까?"

"사우디의 왕이 국제 테러 조직인 알카에다에게 납치되었어. 지금 당장 리야드로 떠나 주어야겠네. 그곳에 가면 자네를 도울 사람이 공항에서 자네를 기다리고 있을 걸세."

맥가이버는 서둘러 짐을 꾸린 후 쏜살같이 밖으로 나갔습니다.

이튿날 아침, 맥가이버는 사우디아라비아의 수도 리야드 공항에 도착했습니다.

'누가 나온다는 거지?'

맥가이버는 조심스레 주위를 살폈습니다.

그때 금발의 아리따운 아가씨가 두리번거리는 그에게로 다가와 나지막이 속삭였습니다.

"반가워요, 맥가이버 씨. 저는 미 첩보부 사우디 담당인 레이입니다. 오시느라 수고하셨죠? 저를 따라오세요."

"와! 정말 아름다우시군요!"

누가 보아도 공작원처럼 보이지 않는 레이의 화려함에 맥가이버는 잠시 할 말을 잃고 넋 나간 사람마냥 그녀의 얼굴만 바라보았습니다.

　레이는 공항에서 조금 떨어진 헬리콥터 승강장으로 맥가이
버를 안내했습니다.

　"어서 타세요, 맥가이버 씨."

　레이의 말에 헬기 안을 들여다보던 맥가이버가 물었습니다.

　"하지만 누가 조종을 하죠, 레이 양?"

　"그냥 레이라고 부르세요. 그리고 조종은 제가 할 거예요.
이래 봬도 꽤 수준급이거든요."

　레이의 말에 맥가이버는 놀라움을 금치 못한 채 눈만 껌뻑
거렸습니다.

　"어서 떠나야 해요. 타세요, 얼른."

　"아, 네!"

　두 사람을 태운 헬리콥터는 힘차게 위로 붕 떠올라 서서히

방향을 잡기 시작했습니다.

"우리는 지금 어디로 향하고 있는 건가요, 레이?"

"당연히 알카에다 본부가 있는 '지크'라는 곳이죠. 이번 사우디 왕을 납치한 그들은 아시다시피 유명한 테러 조직이에요. 단단히 각오하셔야 할 거예요, 맥가이버 씨."

"나도 그냥 맥가이버라고 불러 줘요. 그리고 더 자세한 설명을 듣도록 하죠."

레이는 싱긋 웃어 보이며 상황을 보고하듯 그에게 이것저것을 일러 주었습니다.

얼마 후 맥가이버가 아래를 내려다보았을 때, 그의 눈에는 거친 바람만 가득한 거대한 모래사막이 들어왔습니다.

'이곳을 지나면 그들의 본부가 나오는 것인가?'

그때였습니다.

"꽉 잡아요, 맥가이버! 알카에다의 비행기예요."

레이의 찢어질 듯한 고함 소리에 깜짝 놀랐을 땐 이미 그들의 헬기 뒤로 3대의 전투기가 바짝 따라붙어 있었습니다.

"두두두두두두두."

3대의 전투기가 쏘아 대는 총알을 레이는 요리조리 피했습니다.

"굉장해요, 레이."

"방심은 금물이에요, 맥가이버."

"피슝."

"이런……."

연료 통에 정확히 꽂힌 총알로 곧이어 불꽃이 일었고, 그들이 탄 헬기는 핑그르르 돌며 사막의 한가운데로 곤두박질쳤습니다.

그러나 다행히 헬기가 모래 둔덕에 떨어졌습니다. 두 사람은 서둘러 헬기에서 빠져나와 둔덕 아래로 몸을 숨길 수 있었습니다.

잠시 후 그들이 탄 헬기는 꽝장한 소리를 내며 폭발했고, 그들을 쫓던 알카에다의 *끄나풀*들은 두 사람 모두 죽었다고 판단했는지 유유히 되돌아갔습니다.

이제 사방이 모래로 가득한 사막에 두 사람과 맥가이버의 가방만이 덩그러니 남게 되었습니다.

"이제 우린 어떡하죠?"

당당하던 레이의 얼굴이 어느새 울상이 되었습니다.

"걱정 말아요, 레이. 사람들을 만날 때까지 튼튼한 이 두 다리로 걸어서 빠져나가면 돼요."

맥가이버는 일부러 크게 웃어 보이며 레이를 위로해 주었습니다.

우선 두 사람은 태양의 위치를 보며 방향을 잡았습니다. 그러고는 끝이 없을 것 같은 모래 더미 속을 걷고 또 걸었습니다. 얼마쯤 지났을까…….

"목이 너무 말라요. 물! 물! 아아…….."

심한 갈증을 참지 못하겠는지 레이가 비틀거렸습니다.

"조금만 견뎌요, 레이."

맥가이버가 레이를 부축하였습니다. 그때였습니다.

"봐요, 맥가이버. 저기 물이 보여요."

레이는 손끝으로 무언가를 가리키며 소리쳤습니다.

사막 저 멀리에 마치 호수처럼 넘실거리는 파란 물이 보였습니다. 레이가 그곳으로 뛰어가려고 할 때, 맥가이버가 그녀의 손목을 잡았습니다.

"놔요, 맥가이버."

"저건 오아시스가 아니라 신기루예요."

"그게 뭐죠?"

"뜨거운 사막에서는 빛이 굴절되어 하늘의 파란 부분이 땅바닥에 있는 것처럼 보이게 되지요. 그것이 바로 신기루죠."

매우 실망한 레이는 더욱 심하게 갈증이 밀려오는 것 같았습니다.

"일단 여기서 쉬었다 가기로 하죠."

"물을 마시고 싶어요. 이대로라면 우린 여기서 꼼짝없이 죽을 거예요, 흑흑."

"그럼 우선 오늘은 여기서 자기로 하죠. 내일 아침에 일어나면 물을 꼭 마시게 해 줄게요."

맥가이버는 흐느끼는 레이를 안심시켜 재웠습니다.

레이가 잠든 후 맥가이버는 모래를 파고 비닐을 깔았습니다. 그러고는 그곳에 오줌을 누고는 가운데에 빈 컵을 놓고 다시 비닐로 그 위를 덮었습니다.

두 사람은 사막에서의 첫 잠을 청했습니다.

"자, 이걸 받아요, 레이."

다음 날 아침, 맥가이버는 일어나자마자 레이에게 물이 가득 담긴 컵을 건네주었습니다.

"어머, 정말 물이네요."

레이는 물을 보자 너무 반가워 정신없이 마셨습니다. 옆에서 그 모습을 지켜보던 맥가이버는 빙긋이 웃었습니다.

물을 다 마시자 정신을 차린 레이가 맥가이버에게 물었습니다.

"그런데 이 물을 어디서 구한 거죠?"

"그게……, 저…….."

레이는 무슨 까닭인지 말하지 못하는 맥가이버를 채근했습니다.

"전 궁금한 건 못 참아요. 어서 대답해 주세요, 맥가이버."

"사실 그 물은 제 오줌으로 만든 거예요."

"네? 우욱!"

놀란 레이는 마신 물을 토하려는 듯 캑캑거렸습니다.

"그만 해요, 레이. 그 물은 이 세상에서 가장 깨끗한 거니까
요."

"어떻게 당신의 오줌이 이 세상에서 가장 깨끗하다는 거
죠?"

몹시 화가 난 레이는 맥가이버에게 쏘아붙였습니다.

"사실은 내가 어제 이런 장치를 만들었어요."

레이에게 맥가이버는 어제 만들어 둔 것을 보여 주며 말을
이어 나갔습니다.

"나는 모래에 깐 비닐 위에 오줌을 넣었어요. 그것은 뜨거운

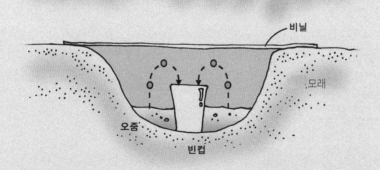

날씨 때문에 수증기로 증발하게 되죠. 하지만 이렇게 비닐로 덮어 놓았기 때문에 수증기는 빠져나가지 못하게 된 거죠. 밤이 되어 기온이 내려가면 수증기가 응축되어 비닐에 물방울들이 맺히게 되는데, 그 물방울이 컵에 떨어진 게 바로 당신이 마신 물입니다. 그렇기 때문에 그 물은 가장 순수한 물이라는 거지요."

"아무리 그래도 당신의 오줌이라는 것이 계속 마음에 걸리는 건 어쩔 수가 없어요."

맥가이버의 설명에 레이는 기분이 한결 나아지긴 했지만 왠지 찜찜한 마음은 여전히 남아 있었습니다.

"자, 이제 그만 서둘러 가도록 하죠."

맥가이버가 발걸음을 재촉했습니다. 두 사람은 다시 사막을 따라 앞으로 앞으로 걸어갔습니다. 레이는 무척 지쳐 보였습니다.

한참을 걸어갔을 때였습니다. 두 사람은 소형 냉장 트럭 한 대가 모래사막을 누비며 지나는 것을 볼 수 있었습니다.

"이봐요! 여기에요, 여기! 여기에 사람이 있다고요. 도와주세요!"

두 사람이 함께 부르짖는 소리에 뒤돌아본 트럭 기사는 두 사람에게 다가갔습니다.

"여기서 무얼 하는 거요? 우선 타슈. 나는 '지크'로 가는데 거기까지는 태워 주겠소."

수염이 덥수룩한 트럭 기사는 두 사람을 태우고 출발했습니다.

"지크까지 간다고 하니 아주 잘됐어요, 레이."

맥가이버가 기뻐하며 레이를 쳐다보았을 때, 이미 지친 레이는 식은땀을 흘리고 있었습니다.

"맥가이버, 이젠 너무 힘들어요."

"이런, 열이 많이 나는군."

레이의 이마를 짚자마자 맥가이버의 손에는 열기가 느껴졌습니다. 맥가이버는 트럭 안을 두리번거렸습니다. 냉장 트럭이

라 얼음이 잔뜩 있었습니다.

'마침 잘됐군. 저 차가운 얼음과 뜨거운 레이를 접촉시키면 레이의 열이 얼음으로 전달되니까 레이의 체온이 내려갈 거야.'

"저기, 얼음을 좀 빌릴 수 있을까요?"

"그러슈."

맥가이버는 곧 트럭 뒤에서 커다란 얼음 덩어리를 꺼내 누워 있는 레이의 이마에 올려놓았습니다.

잠시 후 레이의 얼굴에는 생기가 돌기 시작했습니다.

"아, 이젠 살 것 같군요. 이제 우리가 얼마만큼 온 거죠?"

마치 아무 일도 없었던 것처럼 태연해진 레이를 보자 맥가이버는 안도의 한숨을 내쉬었습니다.

트럭은 다시 거친 사막을 가르며 내달렸습니다. 드디어 알카에다의 본부가 있는 지크라는 도시에 도착했습니다. 트럭 기사에게 감사의 인사를 건네고 트럭에서 내린 둘은 조용한 도시의 분위기에 바짝 긴장했습니다.

"레이, 왕이 붙들려 있는 곳은 어디죠?"

"저희가 조사한 바로는 시내 중심가에 있는 시아크 호텔이에요. 그곳은 이미 많은 군인들로 둘러싸여 있어서 접근이 힘들 거예요."

두 사람은 서둘러 택시를 타고 시아크 호텔로 향했습니다. 호텔에 도착하고 보니 그곳은 역시나 무장한 많은 군인들이 삼엄한 경비를 펴고 있었습니다.

'이크, 한 발자국도 못 움직이겠군.'

곰곰이 생각에 잠겨 있던 맥가이버를 향해 레이가 말했습니다.

"정문으로 들어가는 것은 아무래도 무리일 것 같아요, 맥가이버."

"그렇다면 열기구를 이용해 유리창 쪽으로 올라가야 겠군요."

"열기구라고요?"

"맞아요, 레이. 지금은 공기를 채운 기구에 불을 붙이면 공기의 부피가 커져 가벼워지는 원리를 이용한 열기구가 필요한 상황이죠."

얼굴에 미소를 띤 맥가이버가 그의 가방을 뒤져 열기구를 만들어 냈습니다. 그사이 주변을 둘러본 레이는 알카에다 군인이 없는 호텔 뒤쪽을 발견했습니다.

그곳으로 열기구를 옮겨 버너에 불을 붙이자 두 사람을 태운 열기구가 서서히 위로 올라가기 시작했습니다. 열기구가 천천히 호텔의 가운데를 오를 때쯤, 레이가 맥가이버를 돌아보았습니다.

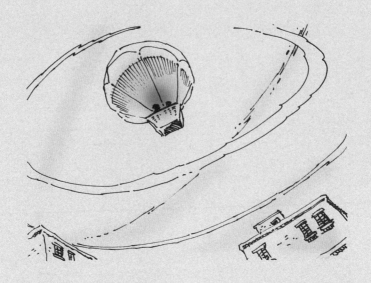

"저기예요, 맥가이버. 왕이 저기 있어요. 다행히 주변에 아무도 없군요."

레이가 가리키고 있는 곳은 6층 방 안이었습니다.

"그거 잘된 일이군요, 레이."

맥가이버는 가방에서 갈고리가 달린 로프를 꺼내 방 안으로 던졌습니다. 로프가 팽팽하게 걸린 것을 확인한 맥가이버는 그것을 타고 방 안으로 조심스레 들어갔습니다.

"당신은 누구입니까?"

놀란 왕이 파르르 떨리는 목소리로 맥가이버를 향해 물었습니다.

"당신을 구출하러 왔습니다. 자세한 이야기는 나중으로 미

루고 어서 저를 따라 이곳을 빠져나가도록 합시다.”

맥가이버는 왕과 함께 로프에 매달려 레이가 기다리는 열
기구 안으로 들어갔습니다.

“이제 어떻게 내려가죠, 맥가이버?”

“걱정하지 말아요, 공기를 무겁게 하면 되니까. 이렇게 불
을 끄면 공기의 온도가 내려가 부피가 줄어들어 무거워지지
요.”

불을 끈 열기구는 다시 천천히 아래로 내려가기 시작했습
니다. 곧 세 사람은 무사히 바닥에 닿을 수 있었습니다.

“앗, 왕이 도망친다!”

뒤늦게 그들을 발견한 알카에다 군인이 앞쪽을 향해 소리쳤

습니다.

　곧이어 수십 명의 군인들이 우르르 몰려왔습니다.

　"서둘러요, 모두들."

　맥가이버는 이렇게 말한 다음 두 사람을 데리고 시내 한복
판으로 들어갔습니다.

　"왕이 저기로 간다. 어서 가자."

　더 많아진 알카에다 군인들이 그들을 뒤쫓았습니다.

　'이래서는 안 되겠군. 저놈들을 못 쫓아오게 해야겠어.'

　"여기서 저들을 막읍시다."

　"네? 저 많은 사람을 무슨 수로요?"

　숨을 헐떡이며 레이가 맥가이버를 쳐다보았습니다.

　"드라이아이스를 이용하면 될 듯싶군요. 드라이아이스는
-78℃에서 고체가 되는 물질이죠. 물론 드라이아이스가 기
체가 되면 이산화탄소가 되지요."

　"그게 어떻다는 거죠, 이 상황에서?"

　레이의 궁금증이 더해 갈 무렵, 알카에다 군인들이 그들을
더욱 죄어 왔습니다.

　순간, 맥가이버가 아이스크림 가게로 가 드라이아이스를
담은 비닐을 집어 왔습니다. 그러고는 드라이아이스를 길바
닥에 마구 뿌려 대기 시작했습니다.

"저것이 당신이 말한 이산화탄소인가요?"

레이가 가리키는 곳에는 드라이아이스에서 안개 같은 것이 피어오르고 있었습니다.

"저건 물방울이죠. 이산화탄소는 눈에 안 보인답니다. 공기 중의 수증기가 차가운 드라이아이스를 만나 갑자기 응축되어 물방울이 된 거죠."

맨발로 뒤쫓아 오던 군인들은 뿌얀 안개 때문에 그들을 잘 보지 못하였습니다.

"으아, 뜨거워!"

"이게 뭐지? 으악, 사람 살려!"

그리고 바닥의 드라이아이스를 밟은 사람들은 여기저기서 화상을 입은 것처럼 비명을 지르며 발만 동동 굴렀습니다.

"드라이아이스는 너무 차가워서 맨발에 닿으면 아주 위험하거든요."

의아해하는 두 사람을 향해 이렇게 외친 맥가이버는 서둘러 그곳을 빠져나왔습니다.

"부앙~"

추격을 막 따돌린 세 사람 앞에 갑자기 승용차 한 대가 기세 좋게 달려오고 있었습니다.

"알카에다예요."

레이의 외침과 함께 세 사람은 허둥지둥 차를 피해 달렸습니다.

그때 물탱크를 실은 빈 트럭 한 대가 맥가이버의 눈에 띄었습니다.

"어서들 저기에 타요."

서둘러 트럭에 탄 세 사람은 급하게 트럭을 몰아 그곳을 피했습니다. 하지만 적들의 차는 세 사람이 탄 트럭을 바짝 추격해 왔습니다.

"탕! 탕! 탕!"

알카에다로부터 총탄이 날아들었지만 낡은 트럭으로는 더 이상 속력을 낼 수가 없었습니다.

"적이 아주 가까이 왔어요."

마음이 다급해진 레이는 불안해졌습니다.

"옳지, 내게 좋은 생각이 있어요! 지금은 한겨울이라 날씨가 아주 춥지요. 그걸 이용하도록 하죠."

"또 무얼 이용한다는 거죠?"

"우선 이 운전대를 맡아요, 레이."

맥가이버는 레이에게 운전대를 맡기고 뒤칸으로 갔습니다. 그리고는 물탱크를 열어 뒤따라오는 알카에다의 차에 물을 뿌리고는 다시 앞좌석으로 돌아왔습니다.

　"이번엔 물을 뿌리면 되는 일인가요?"

　"그래요, 레이. 물을 차 유리창에 부으면 지금은 겨울이라 바깥의 공기가 차가워 금방 얼어붙지요. 그러면 유리창이 잘 안 보이게 될 것이고, 그때를 이용해 우리는 적들이 눈치채지 못하게 도망치는 거죠."

　잠시 후 알카에다의 차는 앞 유리창에 성에가 생겨 앞을 전혀 볼 수 없게 되었습니다.

　"적들의 차가 멈췄어요."

　레이가 신이 나서 외쳤습니다.

　"과학의 힘이죠."

　레이의 외침에 맥가이버는 자신만만하게 어깨를 으쓱해 보

였습니다.

　적을 따돌린 그들은 쉴 새 없이 달렸습니다. 그러나 그렇게 한참을 달리던 그들은 거대한 물줄기가 흐르고 있는 강어귀에 다다르게 되었습니다. 강물에서는 뜨거운 증기가 모락모락 피어오르고 있었습니다.

　"이 강을 건너야 적들을 완전히 따돌릴 수 있어요."

　"강물이 꽤나 뜨거운 것 같은데요?"

　맥가이버는 강물에서 솟아오르는 증기를 보며 주위를 살폈습니다.

　"이곳은 온천 지역이에요. 그래서 뜨거운 물이 흐르고 있지

요."

레이가 어쩔 수 없다는 표정을 지었습니다. 그때였습니다. 멀리서 개 짖는 소리와 함께 사람들이 몰려오는 소리가 들렸습니다.

"벌써 여기까지 따라붙다니, 어서 서둘러야겠군요."

"하지만 이 뜨거운 강을 배도 없이 어떻게 건너죠?"

레이는 발만 동동 굴렀습니다.

"주위를 좀 살피고 올 테니, 두 사람은 우선 여기서 몸을 숨겨요."

뭔가 쓸 만한 재료를 찾기 위해 강기슭을 살피던 맥가이버는 공기가 거의 다 빠진 조그만 고무보트를 발견했습니다.

"이제 어서 나와요. 이곳을 빠져나가야 하니까."

"이건 공기가 다 빠졌잖아요? 이런 배는 강에 뜨질 않아요."

맥가이버가 가지고 온 보트를 보자 레이는 울상을 지었습니다.

"걱정하지 마요, 레이. 공기를 넣어 팽팽하게 하면 됩니다."

자신 있다는 듯 맥가이버는 미소를 지었습니다.

"고무보트는 사람이 불어서 팽팽하게 할 수 없어요. 공기 펌프라면 모를까……. 하지만 그것이 있을 리가 없으니. 아아……."

레이는 실망한 눈빛으로 공기가 빠진 고무보트를 바라보았습니다.

하지만 미소를 잃지 않고 있던 맥가이버가 고무보트를 뜨거운 강에 던졌습니다.

"왕이 저기에 있다!"

"컹, 컹, 컹."

"적들이 더 몰려와요. 이제 우린 독 안에 든 쥐예요. 그만 항복하는 게 좋겠어요."

레이는 떨리는 목소리로 흐느꼈습니다.

"내 사전에 항복이라는 단어는 없어요. 이제 됐군. 어서들

보트로 가요.”

“보트라뇨. 그 보트는 저렇게……. 응? 아니……, 어떻게…….”

고무보트는 어느새 팽팽하게 부풀어 올라 있었던 것입니다.

“어떻게 된 일이죠?”

레이는 자신의 눈을 의심했습니다.

“일단 배에 타고, 강을 건너면서 이야기하죠.”

세 사람은 고무보트에 올라타고 노를 저었습니다.

잠시 후 알카에다의 군인들이 강가에 도착했을 때는 이미 고무보트가 멀리 사라진 후였습니다.

“어떤 마술을 부린 거죠?”

레이는 아까부터 참았던 궁금증을 풀어 놓았습니다.

“마술이 아니에요, 레이. 기체는 온도가 올라가면 부피가 커지지요. 고무보트 안의 공기도 기체이니까 이 법칙을 따른 것이지요. 다행히 강물이 뜨거운 온천물이어서 고무보트 안에 있던 공기의 부피가 커졌고 덕분에 팽팽해진 거죠.”

맥가이버의 친절한 설명에 레이는 고개를 끄덕거렸습니다.

세 사람을 태운 배는 무사히 강을 건넜습니다. 이렇게 해서 우리의 맥가이버는 사우디 왕의 구출 작전 임무를 완벽하게 수행해 냈습니다.

엔트로피 개념을 정식화한
볼츠만 Ludwig Eduard Boltzmann, 1844~1906

　오스트리아에서 태어난 볼츠만은 오스트리아 빈 대학에서 물리학을 공부하고, 졸업 후 2년 동안 실험 물리학자인 슈테판의 조수로 있었습니다. 볼츠만에게 맥스웰의 업적을 소개한 것도 슈테판입니다.

　볼츠만은 1868년 그라츠 대학 수리물리학 교수가 되었고, 1873년 빈 대학 교수가 되었으며, 그 후 그라츠, 뮌헨, 라이프치히 대학 교수를 역임한 후, 1894년 슈테판의 후임으로 이론 물리학 교수가 되었습니다.

　볼츠만은 기체 분자의 운동에 관한 맥스웰의 이론을 발전시켜 맥스웰 - 볼츠만 분포를 정의하였습니다. 여기서 통계역학의 기초가 되는 볼츠만 방정식을 발견하게 됩니다. 또한 흑체의 복사에 대한 슈테판의 법칙을 열역학 이론으로 해석하여 슈테판-볼츠만 법칙을 발견하여 발표하였습니다.

그리고 볼츠만은 열역학 제2법칙을 원자론을 바탕으로 하여 설명하였습니다. 이 연구를 통하여 엔트로피의 개념을 통계적으로 밝혔습니다. 처음 이 사실을 발표하였을 때 볼츠만의 연구는 에너지론자들의 공격을 받았습니다. 에너지론자들은 원자를 믿지 않아서 모든 물리 현상을 에너지와 관련지어 생각하려고 하였기 때문입니다.

볼츠만의 통계 역학적인 생각을 잘못 이해한 사람들도 반대 의견을 내놓았습니다. 이 반대 의견들은 20세기 초에 발견된 원자 물리에 의해 무시될 수 있었습니다. 하지만 병들고 나약해진 볼츠만은 자신이 평생을 바쳐 연구한 것이 쓸모없게 되었다고 생각하여 1906년 스스로 목숨을 끊었습니다.

볼츠만의 묘비에는 볼츠만이 발견하고 볼츠만 상수를 발견한 플랑크에 의해서 완성된 확률과 엔트로피 사이의 관계식인 $S=k\log W$가 새겨져 있다고 합니다.

언제, 무슨 일이?

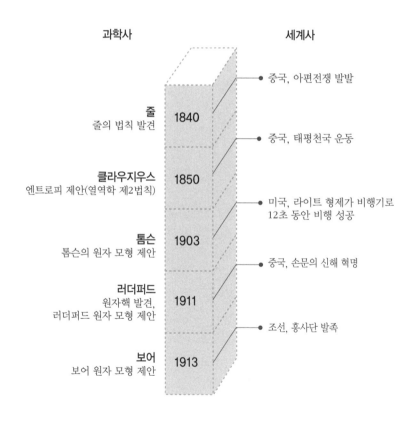

과학사

세계사

● 중국, 아편전쟁 발발

줄
줄의 법칙 발견

1840

● 중국, 태평천국 운동

클라우지우스
엔트로피 제안(열역학 제2법칙)

1850

● 미국, 라이트 형제가 비행기로
12초 동안 비행 성공

톰슨
톰슨의 원자 모형 제안

1903

● 중국, 손문의 신해 혁명

러더퍼드
원자핵 발견,
러더퍼드 원자 모형 제안

1911

● 조선, 흥사단 발족

보어
보어 원자 모형 제안

1913

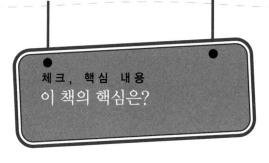

1. 열량은 물질의 ☐☐ 에 비례합니다.

2. 뜨거운 물은 열을 방출하고 차가운 물은 그 ☐ 을 흡수합니다.

3. 물의 ☐☐ 는 4℃ 때 제일 작고, 4℃보다 커지거나 작아지면 커지게 되지요.

4. 열이 전달되는 방법에는 ☐☐, ☐☐, ☐☐ 의 세 가지가 있습니다.

5. 어떤 물질은 액체 상태를 거치지 않고 고체에서 기체로 또는 기체에서 고체로 변합니다. 이런 현상을 ☐☐ 라고 하지요.

6. ☐☐☐☐ 란 무질서한 정도를 나타내는 양입니다.

7. 모든 반응은 엔트로피가 ☐☐ 하는 방향으로 진행됩니다.

8. 열에너지를 이용하여 일을 하는 기관을 ☐☐☐ 이라고 합니다.

1. 질량 2. 열 3. 부피 4. 전도, 대류, 복사 5. 승화 6. 엔트로피 7. 증가 8. 열기관

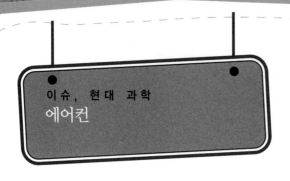

한여름만 되면 건물마다 에어컨 돌아가는 소리가 들립니다. 에어컨은 에어 컨디셔너의 준말로 냉각 순환을 사용하여 특정 지역으로부터 열을 끌어내는 기기나 시스템을 말합니다. 즉, 전기 에너지를 이용해 실내기를 통해 실내의 열을 흡수해서 실외기를 통해 열을 밖으로 내보내는 장치입니다. 이렇게 열이 외부로 빠져나가기 때문에 실내의 온도는 내려가게 됩니다.

열은 저절로 낮은 온도에서 높은 온도로 이동하지는 않습니다. 이 일을 하기 위해서는 외부에서 에너지를 공급해 주어야 하는데, 이것이 바로 전기 에너지입니다.

에어컨은 액체가 기체로 변하는 증발 현상을 이용합니다. 액체가 기체로 변하려면 외부의 열을 흡수해야 하는데, 이때문에 실내 공기가 차가워지는 것입니다.

에어컨은 프레온 가스를 냉매로 사용합니다. 액체 상태의 프레온 가스가 실내의 열을 흡수해 기체로 바뀌면서 실내의 온도를 낮추게 됩니다. 이렇게 되면 에어컨 내부의 온도는 낮아지면서 내부의 공기가 차가워집니다. 이때 에어컨 내부의 팬이 회전하면서 차가운 바람을 내보내는 것입니다. 이와 동시에 에어컨에서 증발해 기체가 된 프레온 가스는 다시 압력을 받아 액체가 되면서 이러한 과정을 계속 반복합니다.

기체가 된 프레온 가스가 액체가 되는 과정은 바로 실외기의 압축기에서 이루어집니다. 프레온 가스에 압력을 가해 실내기와 실외기 사이를 왔다갔다하게 만드는 것입니다.

압축기에서 프레온 가스를 강하게 압축하면 프레온 가스의 압력이 커지면서 동시에 온도도 올라갑니다. 이 과정을 통해 고온 고압 상태가 된 프레온 가스는 열 교환 파이프를 통해 액체로 응축되어 실내기로 흘러 들어가는 것입니다.